街歩き、野山歩きが
もっと楽しくなる

地図読み人になろう

山岡光治

日貿出版社

はじめに

少年時代、姉や兄からのお下がりで回ってきた教科書の世界地図帳が、私の唯一の愛読書であった。

そのころは、今のように世界中の情報が身近に満ち溢れている時代ではなかったので、世界地図を眺めて思い描く風景は、自分勝手なものだった。

アフリカのジャングルには、山川惣治の「少年ケニア」にあったような猛獣が潜み、南米のパンパスではカウボーイが牛を追い、サハラ砂漠の砂の高まりにはラクダを連ねた隊商が見える。そして、パリやニューヨークの街角には、ニュース映画に出てきたような着飾った紳士淑女が、楽しげにショッピングをしているようすがあった。

このような昔語りでなくても、地図は人々の行動をサポートする機能だけではなく、美しさとともに見知らぬ世界を空想させるものを兼ね備えているはずだ。

それは、地図の作り手が、利用者に対して「地球の本当」を伝えようとする気概さえ持ち合わせていれば、身近に溢れている旅行ガイドマップや街歩きマップ、地図作

国土地理院発行　1/25000 地形図『矢吹』

家が作った鳥瞰図、そしてごく気まじめな役所が作った官製の地形図であっても、空想させ、かきたてるものを持ち合わせているだろう。

　今や、デジタル地図データを利用したカーナビゲーションや携帯電話などの歩行者ナビを使えば、何の苦労もなく目的地まで案内してくれる時代だ。だからこそ、地図が訴える気持ちを推しはかりながら散歩に出よう。そして、野山も歩いてみよう。

　地図を広げての街歩きや野歩きでは、デジタル地図データを利用したナビゲーションのように、ただひたすら目的地を目指さない。興味のおもむくままに道草をし、道にも迷うといい。迷うことで、新鮮な発見があり、新しい道をたずねることから始まる、楽しい出会いがあるかもしれない。

　本書は、地図の作り手の立場から、楽しくする街歩き、野山歩きの手助けをするものである。

　以下、特に断りがない限り、本文にある「地図」とは、国土地理院発行の地形図について述べている。

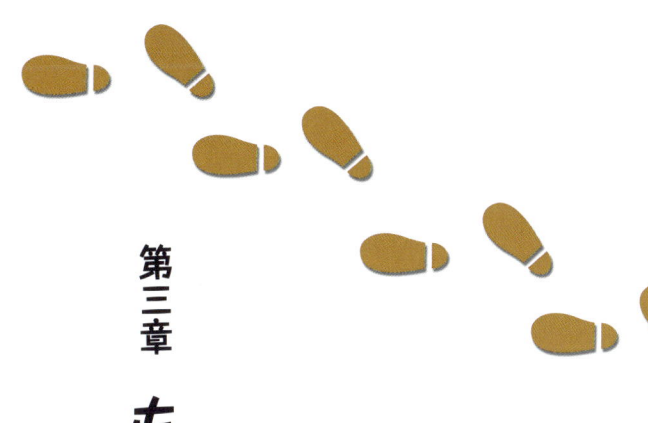

街歩き、野山歩きの楽しさ

街歩きからは、ふだん見過ごしていた風景を見るだろう。歴史的な街並み、人情味あふれる小さな通り、家並の向こうに海が見える通り、庶民的なショッピング街などに、限りない楽しさがあるはずだ。

郊外に出て、目的地の公園の花園を目指す道筋で、野に咲く花を見つけるだろう。さらに、ガーデニングの美しい家を見かけるかもしれないし、興味を引く地名に出会うかもしれない。展望が素晴らしいという小山に向かう道すがら、声をかけた農作業をする人から、美味しい秋野菜の食べ方を教わって、つい会話が弾む出会いもあるだろう。

そのとき、地図を広げて歩くなら、得られる楽しみは倍加する。

地図から得られた情報が、街歩きに新しい展開を加え、地図を読むことで頭脳が活性化する。そればかりではない。野山歩き中の出来事が、ちょっとだけ地図に記録されて、再訪したいという気持ちになるかも知れない。

地図を広げて歩くことで得られるもの

住んでいる街の周辺を、あるいは知らない

街を歩くためには、地図を広げて計画を立てなければならない。事前に計画することで多くの知識や能力が養われるだろう。

交通手段はどのようになっているか、どのくらい時間がかかるか、何時に戻ってこられるか、といった全体計画を立てる能力が必要になる。さらに、地図を広げて、ここでは何が見られそうか、何が面白そうか、どこが歩きやすいかといった想像力が試される。そのためには、地図について多少の知識が必要になるが、街歩きで必要な知識は限定的であり、一度に多くを覚える必要はない。

計画が出来れば、いよいよ街歩き、野山歩きである。

もちろん、歩くことは何よりも健康にいい。自分たちのペースで、それも「地図を広げて」計画的に歩くとなれば、頭脳も使う。

寄り道をし、他人と会話し、見るもの聞くものに興味を持ち、新しい発見をする。その結果、道に迷ったとしたら、そんないいことはない。手持ちの地図を見て、案内看板を探して、あるいは知らない人に道をたずねて、計画を変更する作業をしなければならないからだ。

最終結果として、しだいに地図の知識を獲得して、「地図読み人」に近づくだろう。

小さく持ち運ぶ

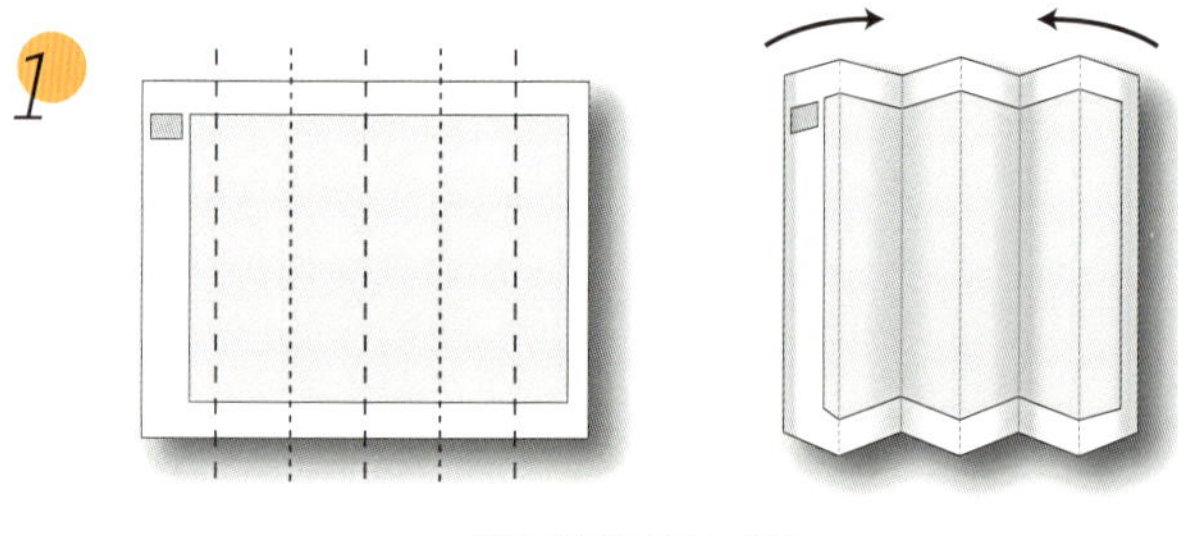

縦に蛇腹折りする

- - - - - - 山折り

・・・・・・ 谷折り

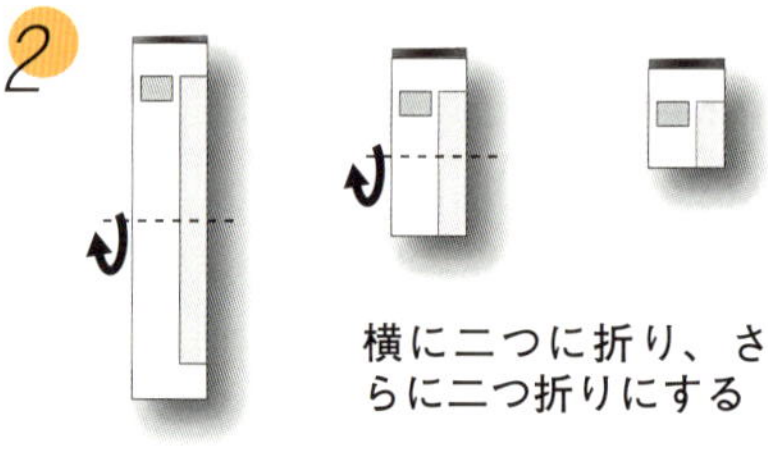

横に二つに折り、さらに二つ折りにする

図郭だけを見る

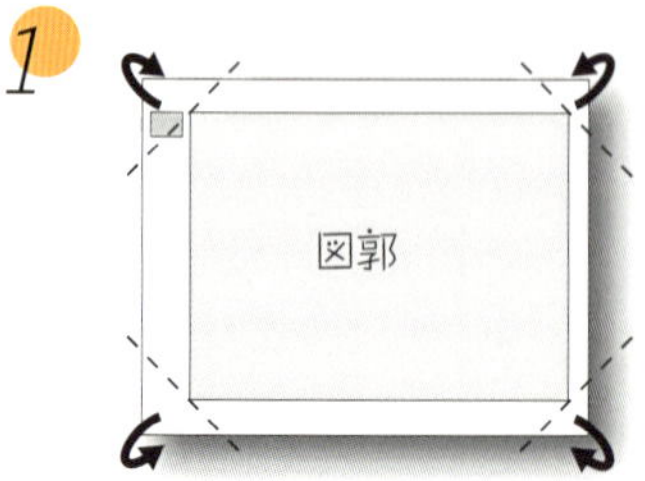

四隅を山折りする

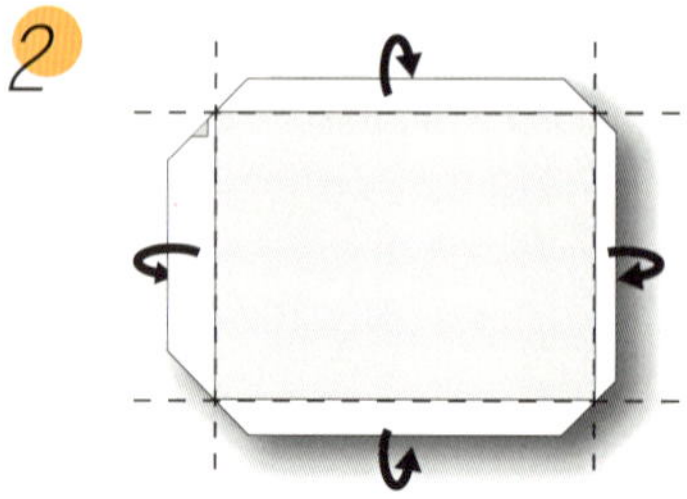

さらに図郭辺を山折りする

- - - - - - 山折り

・・・・・・ 谷折り

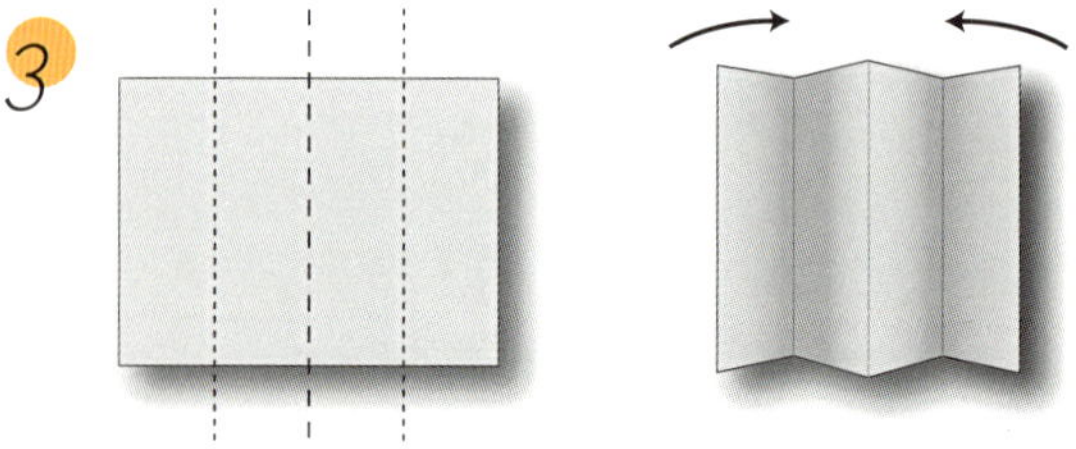

縦に蛇腹折りする

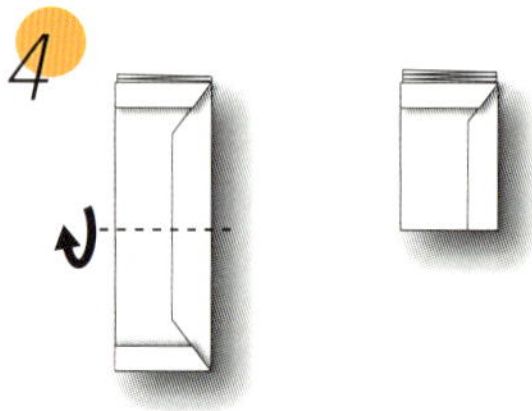

横に二つに折る。もっと小さい方がよければさらに二つ折りしてもいい

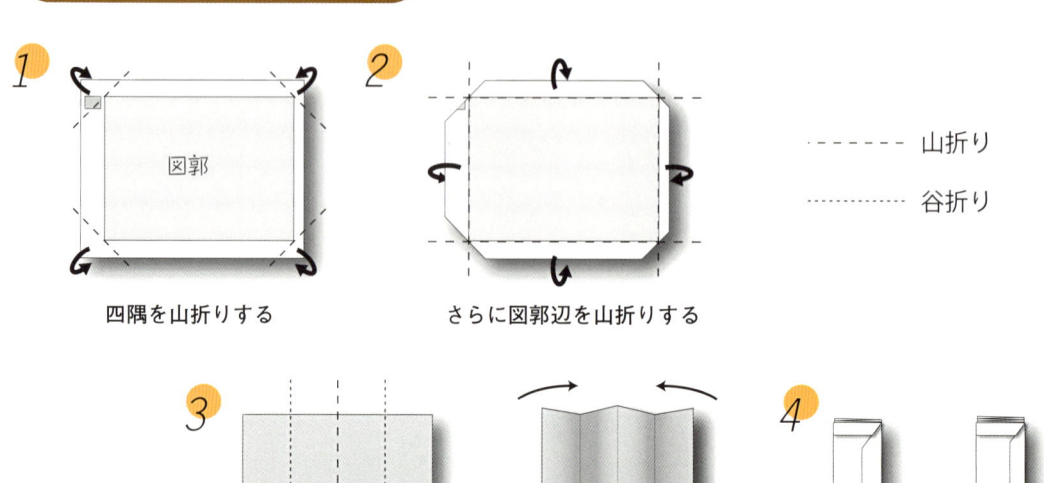

第一章

地図は面白い

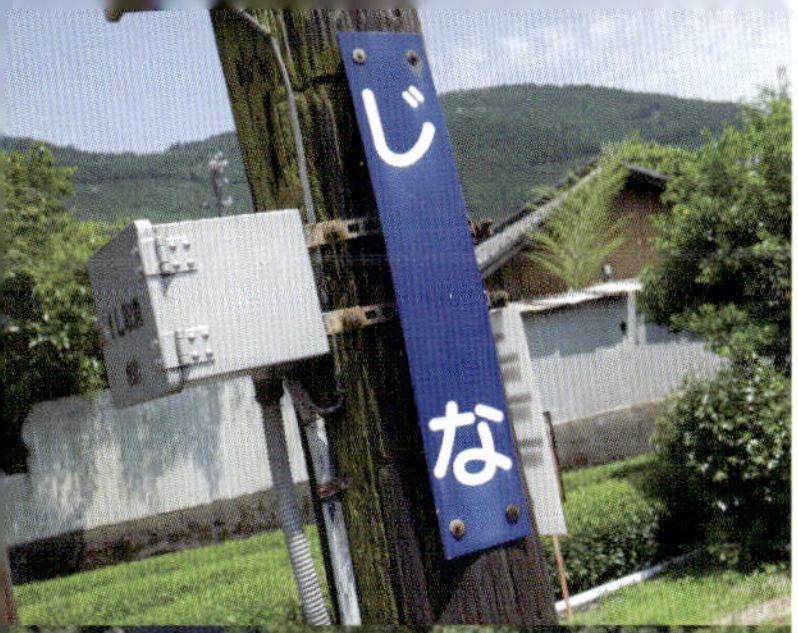

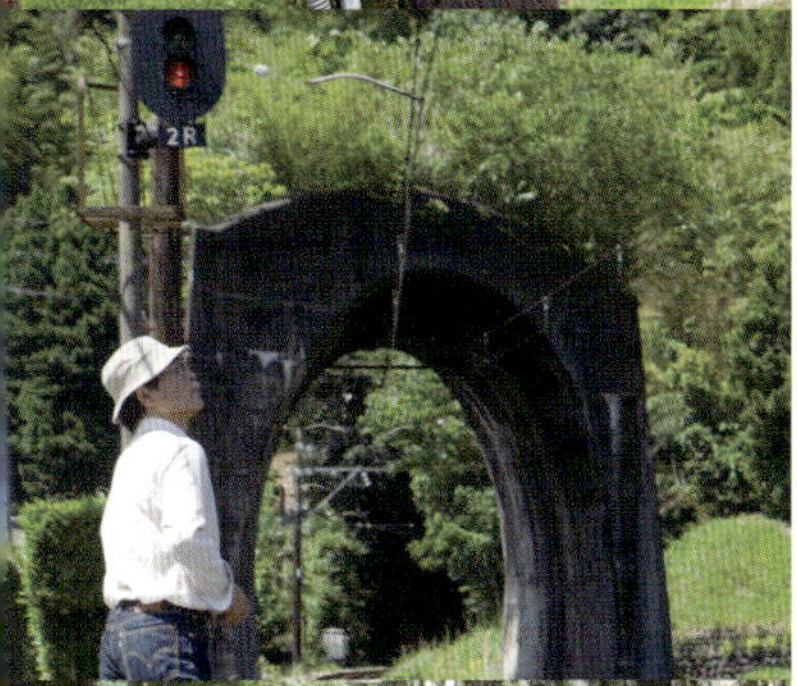

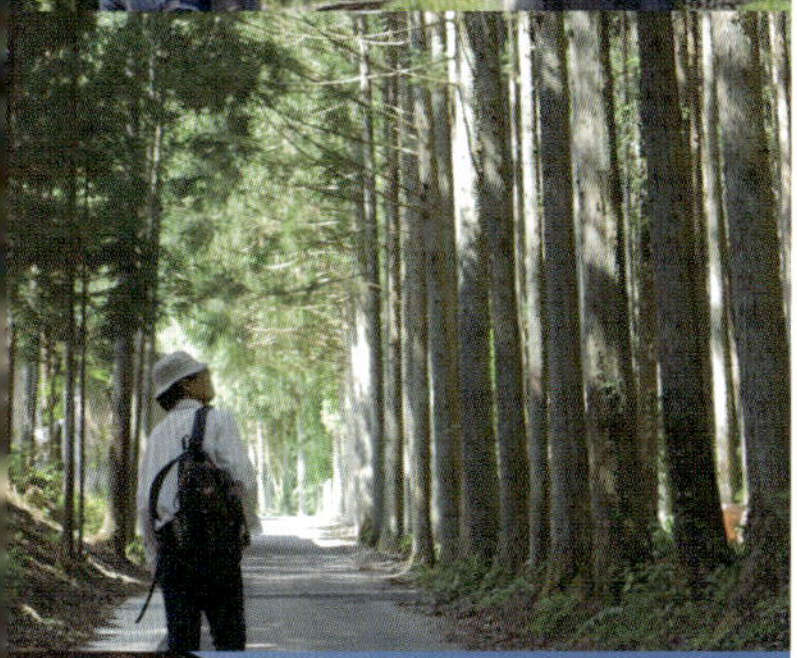

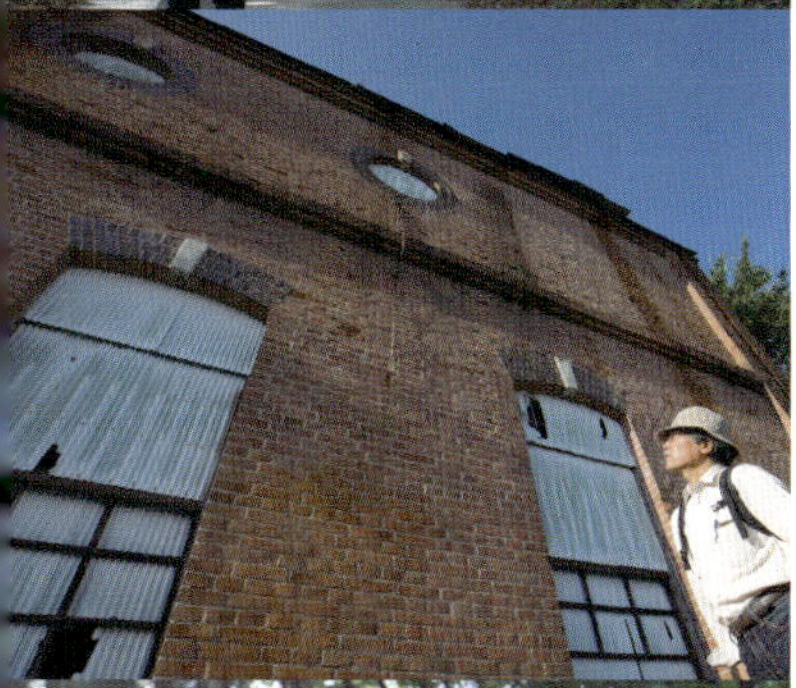

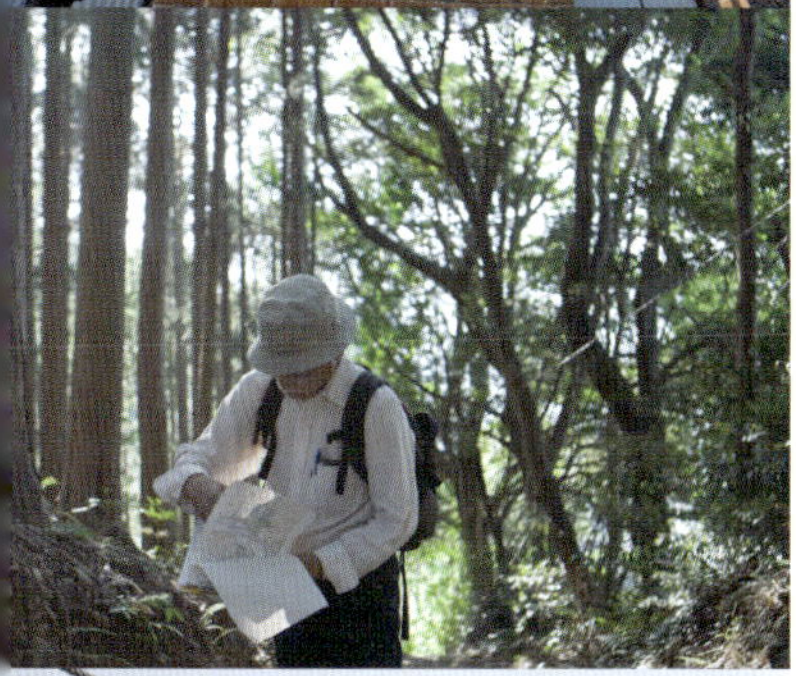

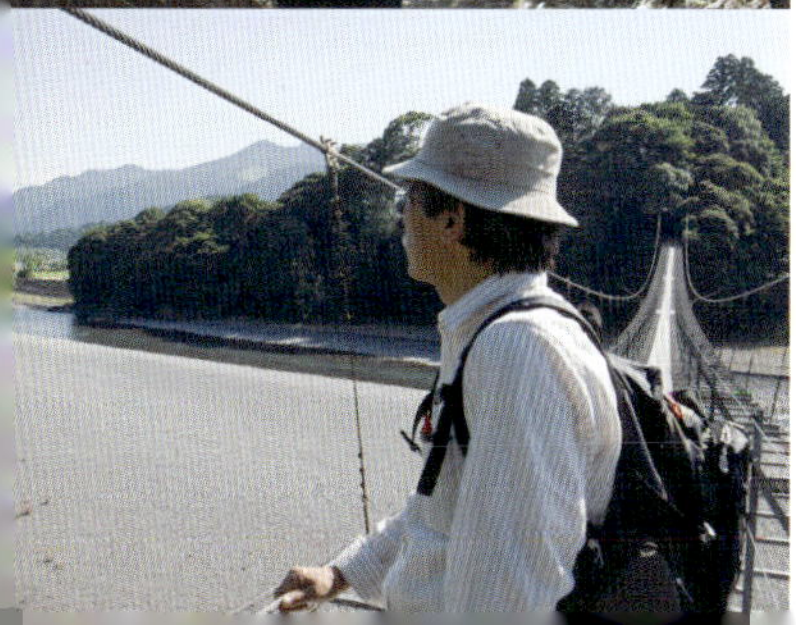

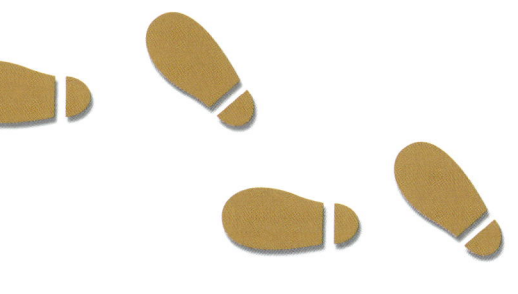

大河の蛇行を俯瞰する

～大井川の蛇行絶景ポイントを探す～

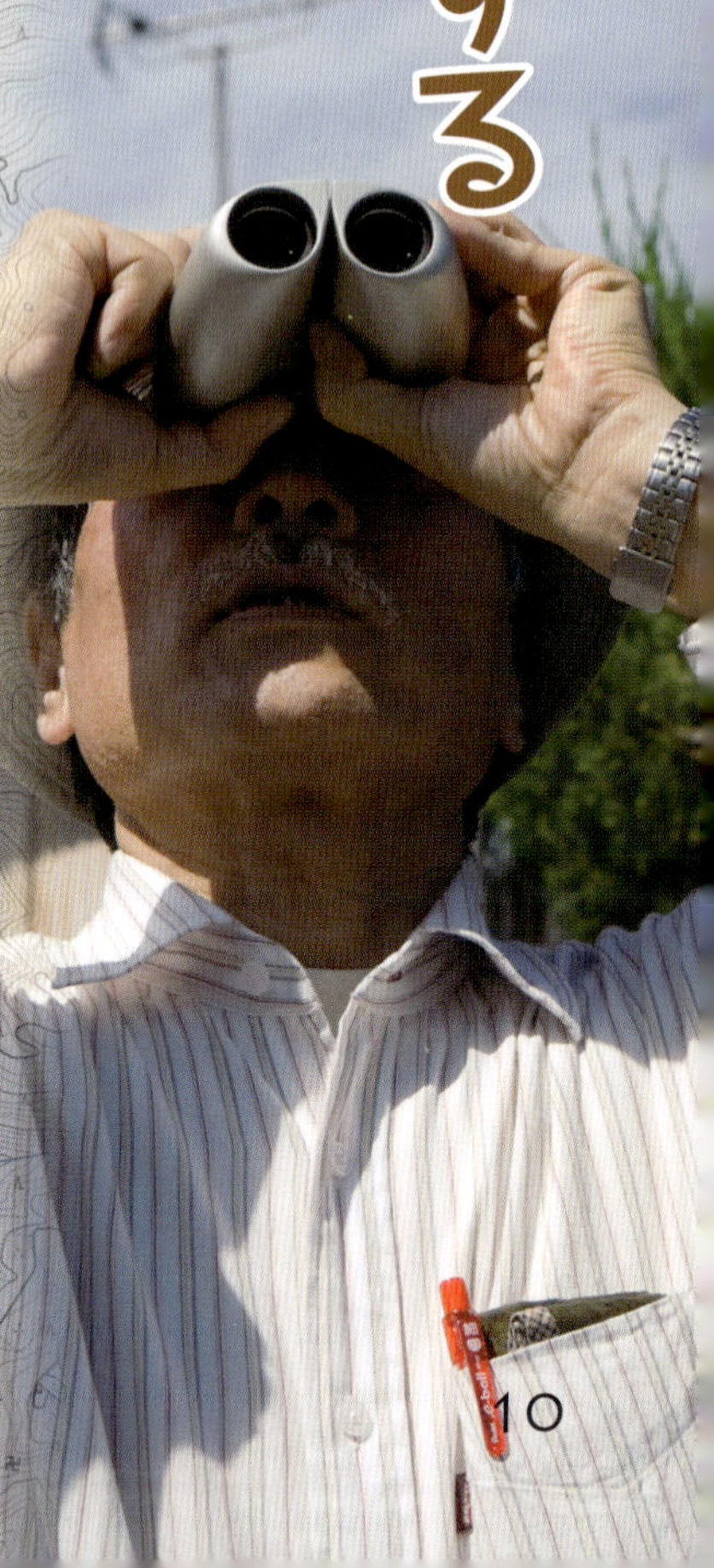

最初に紹介するこの辺りは静岡県島田市、川根本町。私が三十数年も前に仕事で訪ねたことのある場所だ。

そのときの仕事は、地図修正のための変化調査だったから、大井川沿いの主要道路やその周辺に広がる集落を中心に地図作成後の変化の有無を調べた。すなわち、大部分を占める山岳地には、ほとんど足を踏み入れないでお終いである。

そうした調査の途中で、どうしても気になった場所があった、「地名（じな）」と呼ばれる地名と、大井川の見事な蛇行である。

私の故郷は石狩川に近い場所だったから、蛇行の風景は見慣れていた。といっても、こちらは、低湿地などを勝手気ままに流れたもので、近くに高所がなかったから全容を知ることはできない。

大井川の蛇行は少し違う。こちらは、地質構造の影響を受けた蛇行で、山岳地内に存在するから、少々の高まりに立てば、空中から見たような素晴らしい河川蛇行が一望できそうであった。

三十数年も前のことだから、もうすっかり場所を忘れてしまったが、小春日和のある日、河川に沿って走る自動車道路から、段丘を上る小さな道をしばらく進んだ場所で、一人その景色を堪能した。

主な行程

①大井川鉄道　地名駅	START
③標高 243 m 地点	0.7km
⑦阿弥陀堂・大井神社	1.9km
⑨西地名	2.6km
⑪東海パルプ地名発電所跡	3.9km
⑬石風呂山頂	5.4km
⑮鵜山大橋から展望	6.7km
⑰鵜山森林公園	7.6km
①地名駅	11.1km
（大井川鉄道経由）	
⑱塩郷駅　恋金（吊）橋	
⑲川根温泉笹間渡駅 道の駅笹間渡	GOAL

国土地理院発行　1/25000 地形図『家山』

START

地名駅で記念のシャッターを押して、野山歩きをスタート

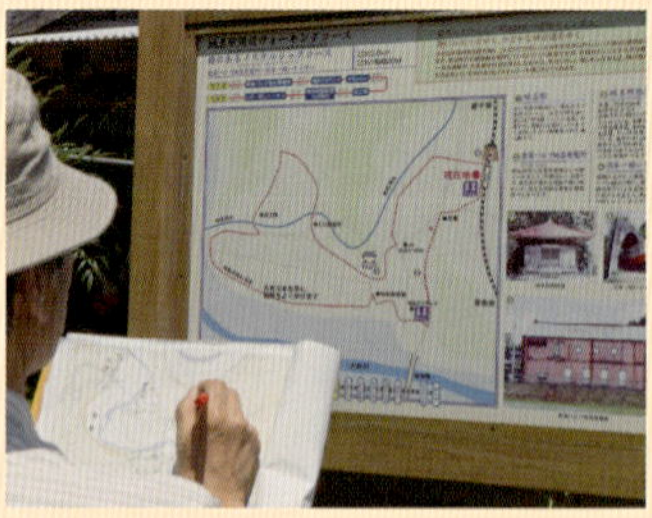

駅前看板に、「地名」をめぐる「ノスタルジックコース」の案内板がある

この辺りから、扇状地状に広がる小さな「地名」集落を眺める

さあ、「地名《じな》」という地名が記入されたちょっと不思議な地図を広げて、段丘に広がる茶畑の風景と蛇行の絶景ポイントを探す野山歩きに出かけよう。

大井川鉄道の金谷駅から乗車し、「地名」という珍しい地名が駅名となった小さな駅で下車する。

もちろん、ローカル駅の趣がたっぷりと感じられる地名駅で記念のシャッターを押して、駅前の案内看板にある「趣のあるノスタルジックコース」も参考にして、野山歩きをスタートさせる。

事前に地図を読んで、10頁に記したようなコースを設定してきたので、先ずは予定コースに沿って駅から東へ上り標高二四三メートルのポイントへ進む。小さな扇状地状の頂に当たるここからは、茶畑越しに「地名」のいわれになった山また山の中の小さな居住適地が見えるはずだ。

集落のすぐ先には、河川の中に取り残されたような大きな森が迫って、広がりは限定的で、ここから大井川の流れは見えない。

もう一度、地名駅へ戻って線路沿い

大河の蛇行を俯瞰する

国土地理院発行　1/25000 地形図『家山』

に進み、駅前看板にあった木材輸送用索道からの荷物落下を防ぐために作られたという、長さが十一メートルほどしかない日本一短いトンネルを見る。さすがに短い。

予定してきたコースに戻り、地名用水の流れる小さな公園を横切って、小山を巻くようにして、大きく広がる河川蛇行を見ようとしたが、森が深く、徒歩道は不安定だから予定を断念する。コースの変更だ。

再び地名の集落へ下り、家並の中の道を抜けて、阿弥陀堂と大井神社を目指す。大井神社に向かう石段の途中で、再び「地名用水」に出会う。同用水は、ほぼ標

豆知識1

「地名（じな）」のこと

地名辞典によると、静岡県榛原郡川根本町にある「地名（じな）」のもとになった地名村は、江戸時代以前から駿河国志太郡地名村として存在し、一八八九年（明治二二）には、志太郡徳山村大字地名となり、一九五六年（昭和三一）には合併して中川根村字地名となったという。

「地名」地名の由来はというと、「川名（かわな）」、「山名（やまな）」といったものと同様に、「○○のところ」というように使用されたもの。地図を見ると分かるように、山が迫ったこの地域では、居住に適した土地は限られていて、わずかな平地でも有効に利用されている。

「地名」は、「そうした居住に適した土地のあるところ」ほどの意味である。ともかく、地名として「地名」が記入された不思議な地点である。

5

この辺りを地名用水が流れる

4

長さ 11m ほどの、日本一短いトンネルを見る

6

尾根伝いに進み、小山の向こうから河川蛇行を見ようとしたが、道は森に埋もれて断念

鵜山大橋からは、見事な蛇行の風景が広がる（ここが今回のベストポイント）

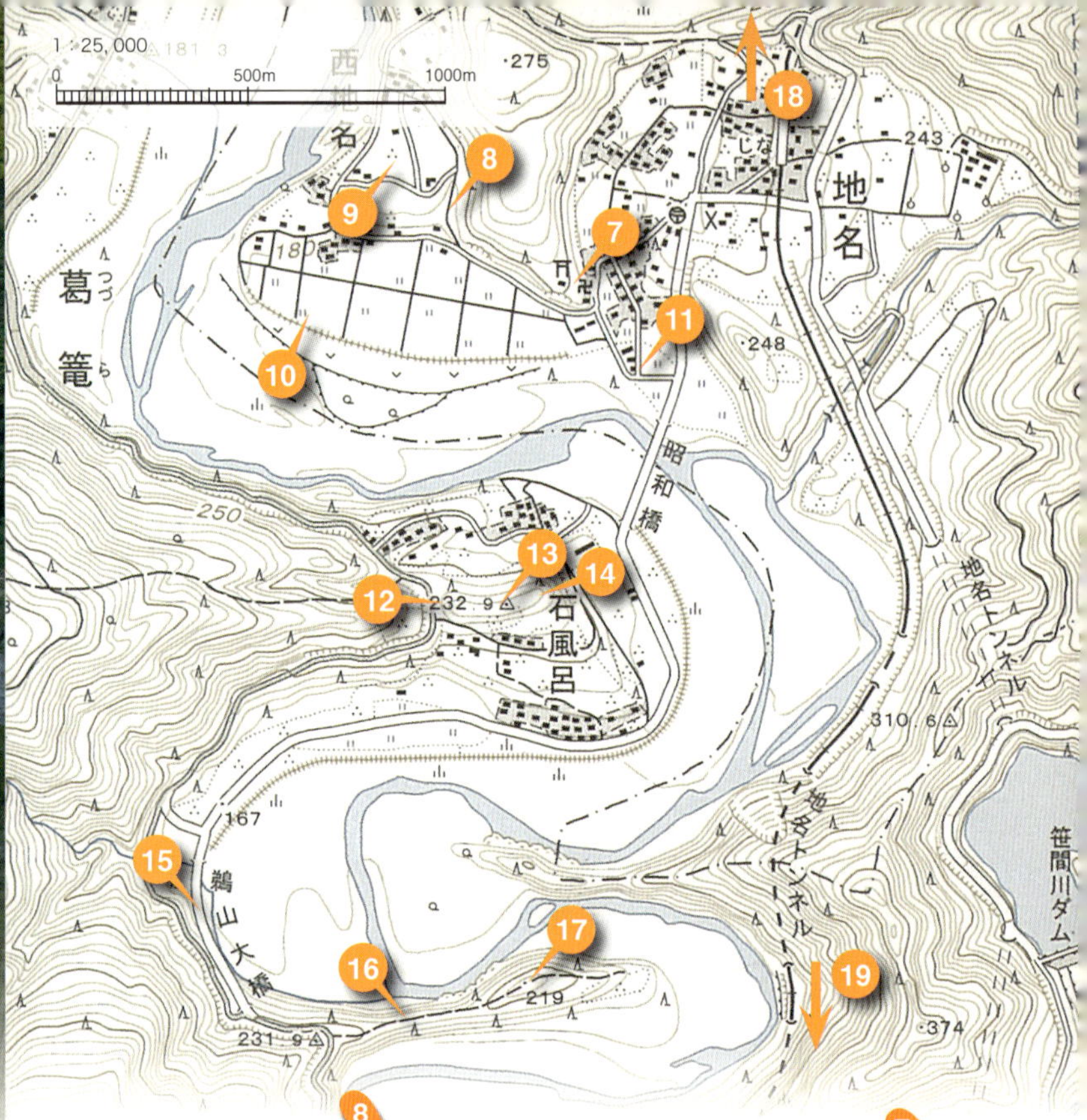

国土地理院発行　1/25000 地形図『家山』

坂の上には茶畑が広がり、製茶工場の大きな屋根も見える

用水の水音を耳にしながら小さな段丘崖の坂道を上る

阿弥陀堂、大井神社へ向かう石段の途中で、再び地名用水に出会う

高一九〇メートルの等高線に沿って地名の集落を囲むように流れているようだ。

　これから先は、用水の水音を耳にしながら段丘崖の坂道を上り、丘の茶畑の中を横切るように進む。この程度の高まりでは、大きな広がりは期待できないが、大井川の流れを前面に見ながら下る。下りきった、低地に広がる水田と大井川を仕切る土手道には、爽やかな風が流れ、柳の向こうに川の流れが少し見える。

　水田が終わると、明治四三年建造だというレンガが懐かしい「東海パルプ地名発電所」跡が突如現れる。右に折れて昭和橋を渡り、さらなる蛇行の風景を求めて「石風呂」集落の小山に向かう。

小さな峠にある人家脇の小道を数分上り頂に出ると、尾根の裏表（南北方向）だけ樹木が伐採されて茶畑が広がっているから、茶畑の向こうに蛇行の風景が視界に入るものの、尾根の先端部分（東側）は樹木に遮られて、ここからも目的の広大な蛇行の風景は見えない。

大河の蛇行を俯瞰する

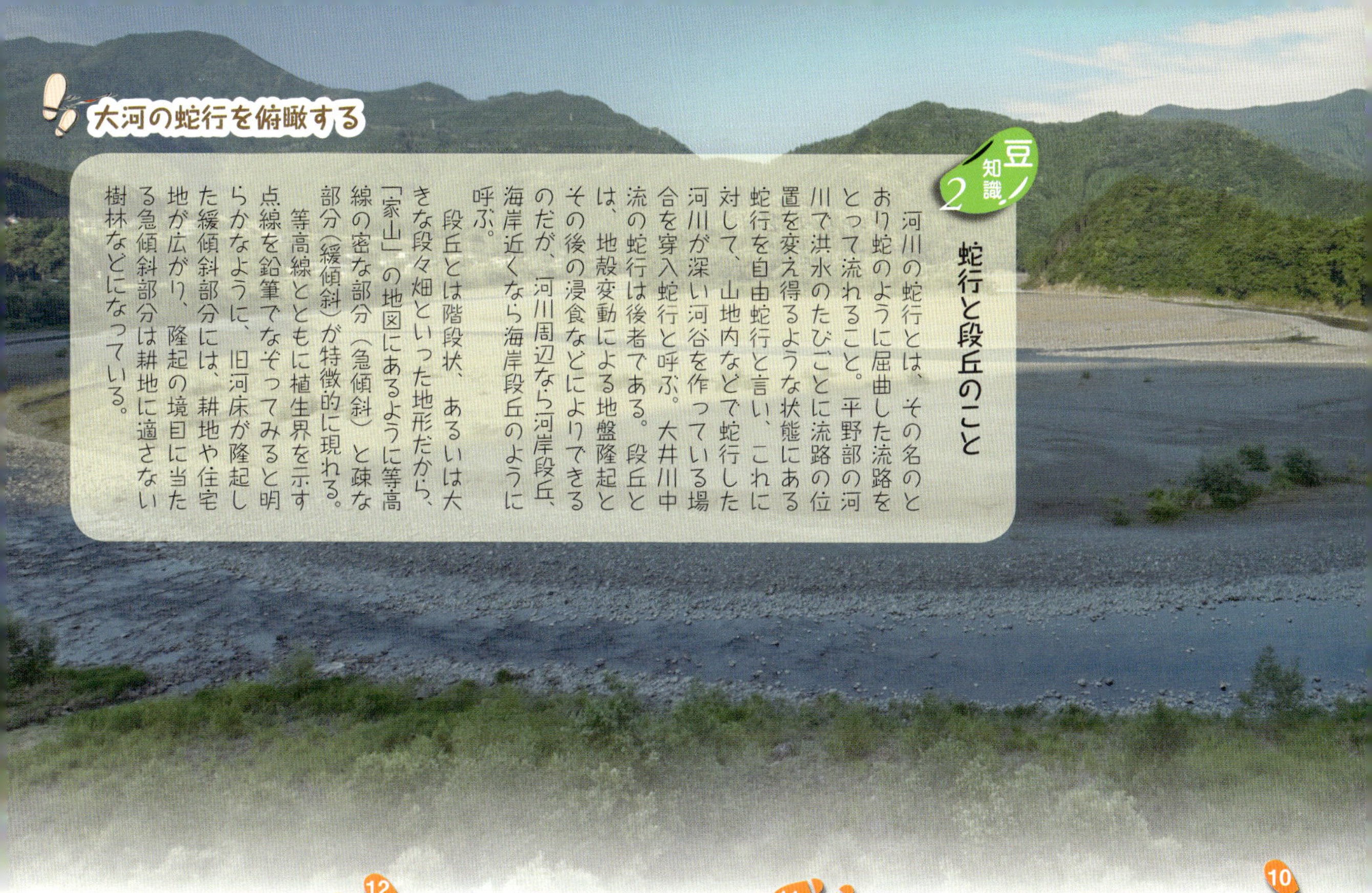

豆知識2 蛇行と段丘のこと

河川の蛇行とは、その名のとおり蛇のように屈曲した流路をとって流れること。平野部の河川で洪水のたびごとに流路の位置を変え得るような状態にある蛇行を自由蛇行と言い、これに対して、山地内などで蛇行した河川が深い河谷を作っている場合を穿入蛇行と呼ぶ。大井川中流の蛇行は後者である。段丘とは、地殻変動による地盤隆起とその後の浸食などによりできるのだが、河川周辺なら河岸段丘、海岸近くなら海岸段丘のように呼ぶ。

段丘とは階段状、あるいは大きな段々畑といった地形だから、「家山」の地図にあるように等高線の密な部分（急傾斜）と疎な部分（緩傾斜）が特徴的に現れる。等高線とともに植生界を示す点線を鉛筆でなぞってみると明らかなように、旧河床が隆起した緩傾斜部分には、耕地や住宅地が広がり、隆起の境目に当たる急傾斜部分は耕地に適さない樹林などになっている。

10

柳の向こうに大井川の流れを見ながら、水田縁の土手道を進む

11

レンガ造りの「東海パルプ地名発電所」跡を見る

12

昭和橋を渡り、蛇行の風景を求めて「石風呂」集落上の小山へ向かう

13

小山の森を一部伐採した茶畑の間から蛇行の風景が見える

14

尾根の先端からは樹木に遮られて期待した蛇行の風景は見えない

15

上写真

さあ、最後の希望をかけて、鵜山大橋を渡り、静岡県の天然記念物にもなっている「鵜山の七曲がり」に向かう。

途中、鵜山大橋からの展望には、遮るものもなく素晴らしい蛇行の風景が広がる。しかし、高さが十分でないか

17 展望台からも、木立に囲まれて蛇行の全容は見えない

ら、ここから見える蛇行の風景に、鵜の口先のようになったようすは見られないので、さらに南へ下って次のポイントを目指す。

入口には、「鵜山森林公園」の看板があり、展望台の記入もあり、希望は膨らむ。上り下りを繰り返して展望ポイントに着くが、緑茂る初夏の木立からの眺めは、期待していたものにならなかった。

今回の野山歩きでは、少々森をかき分けても見たが、河川蛇行の地形は大きく、簡単には全容を見せてくれなかった。

結果として、大井川の雄大な蛇行の風景の絶景ポイント探しは、鵜山大橋の車道脇からの展望がベストということで終わった（パンフレットによると、「地名」の南にある「家山」から、やや整備が悪い林道を車で二十分ほど上った標高約六五〇メートル地点には、「朝日段」という大井川蛇行を一望できる展望台があるが、そこは広大な自然に勝っているのだろうか）。

今回の歩きで、三十数年前に眺めたポイントは、発見できなかったが、それでも、河川蛇行と茶畑の景色に酔い

16

「鵜山の七曲がり」の全容を見ようと「鵜山森林公園」の展望台を目指す

17

上写真

18

地名駅へもどり大井川鉄道塩郷駅まで乗車し、「恋金（吊）橋」を渡り、大井川の広さを堪能する

GOAL 19

さらに、大井川鉄道で、「川根温泉笹間渡駅」までもどり、道の駅の足湯につかりながら、地図読みを反省する

しれた後は、「かわねおんせんささまど駅」の南ある「道の駅」の足湯につかりながら、事前の地図読みを反省した。

地形図を見ただけで訪ねてみたくなる、面白さの事例

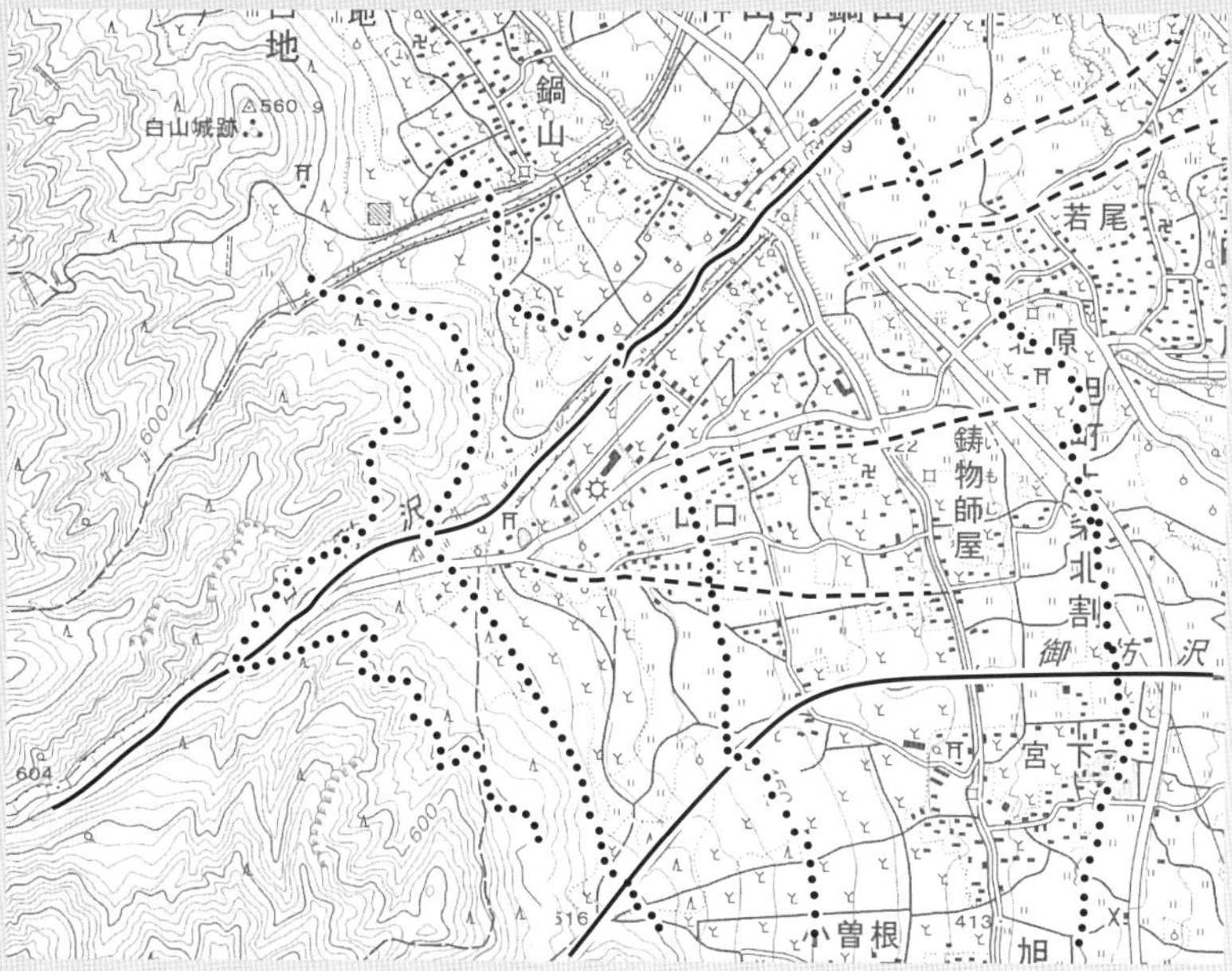

国土地理院発行　1/25000 地形図『韮崎』

50 mごとの等高線　河川　河川があったと思われる線

扇状地

南アルプス市御勅使川

地図を眺めると、谷口を頂点として等高線が扇状に広がっているのが、素人目にも読み取れるだろう。山地部で土砂を掘削・運搬してきた河川が、谷口以降で流路を変えながら砂礫を堆積させたのが扇状地だ。

扇状地の特徴としては、扇の主要部分は砂礫地で構成され、河川跡が随所に残る。そして、流水は砂礫地下へ浸みこみ涸れ川となることが多く、扇の先端ではそれが湧水などとなって地表に現れる。地形的な特徴と土地利用、そして人々の生活を垣間見て、湧水探しをするのもいい。

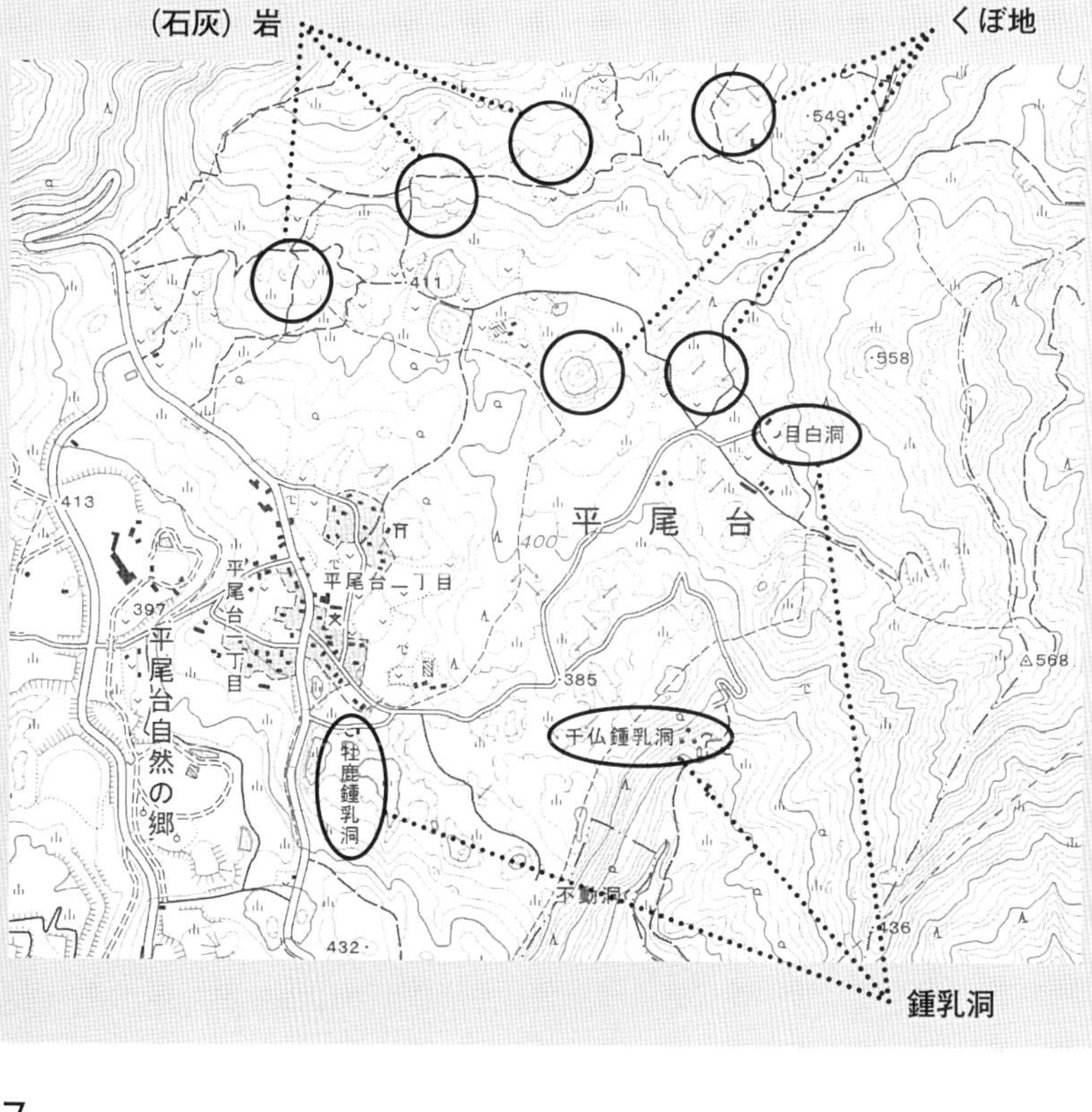

国土地理院発行　1/25000 地形図『刈田』

カルスト地形

北九州市小倉南区平尾台

平尾台は、標高五〇〇メートルほどの山上にあるカルスト台地だ。

等高線を少し詳しく見ると、特徴的な小さなグルグルとした等高線が並び、その多くはドリーネと呼ばれるくぼ地だ。そして、周囲には鍾乳洞の文字も見える。

現地では平原に羊の群れのように見えるほど多くの石灰岩が林立し、等高線では表現しきれないほどのくぼ地もある。台地の上まで進めば、誰でも気軽に野山歩きができ、そしてカルスト特有の草花や鳥たちにも出会えるだろう。

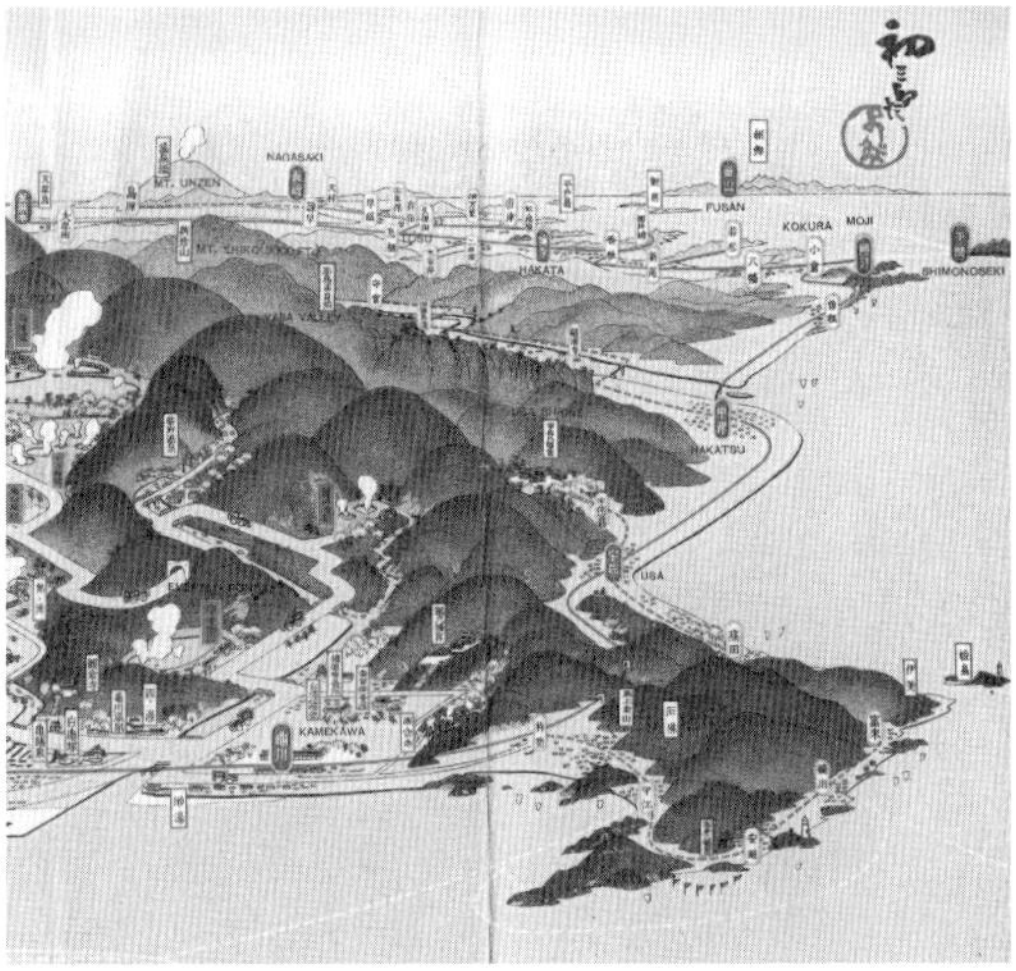

図１　鳥瞰図

覚えておきたい地図のイロハ

最初にも紹介したように、個人差はあるものの、地図は眺めているだけでも楽しい。

読者は、地図に表現された大井川蛇行の風景から何を感じるだろうか。「自然の大きさ」「清らかな水流」「そこに生活する人の厳しさ」「茶畑の美しさ」だろうか。人さまざまであろう。

このように、地図には、表現の中から現地を空想する楽しみ、そして百科事典や国語辞典を拾い読みするような情報書庫としての面白さがある。

しかし、地図の使い方は、眺めているだけでは向上しない。地図を広げて街歩き、野山歩きする中でしだいに覚えるといい。そのとき、最初から多くの知識を埋め込もうとしないことだ。

まずは、使う機会を与えるために、地図をポケットに忍び込ませる。次に、最低限度の知識を得て、実際に地図を使ってみる。「地図を使用するための、地図知識を獲得する」といっても、難しく考える必要はなく、以下の四つの表題だけでも頭に入れておくといい。

ただし、街歩きをするだけなら、いや先ほどの「大井川の流れを見る」のような野山歩きでも、珍しい名称の駅やエキナカ温泉を訪ねる程度なら、この要点だって、すぐに覚えなくてもいい。次第に地図になれてから、街中で迷ってから、「ああ、そうだったのか」と振り返り、そののちに新たな地図知識を蓄積するといいだろう。

地図は真上から見たもの

地図の第一の要点は、上空から鳥になって眺めた風に描かれている鳥瞰図（図１）のような特別な例をのぞき、どこまでも真上から見た状態で表現していて、これは、とても重要なことである。

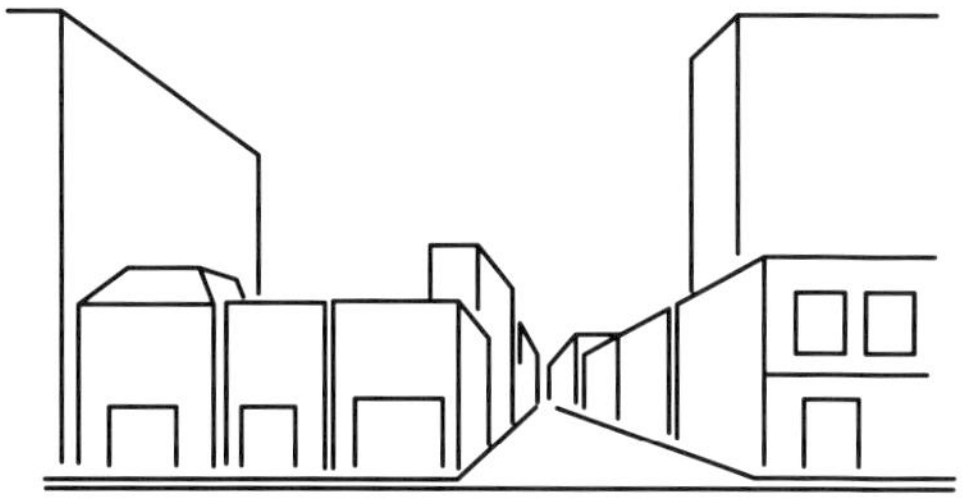

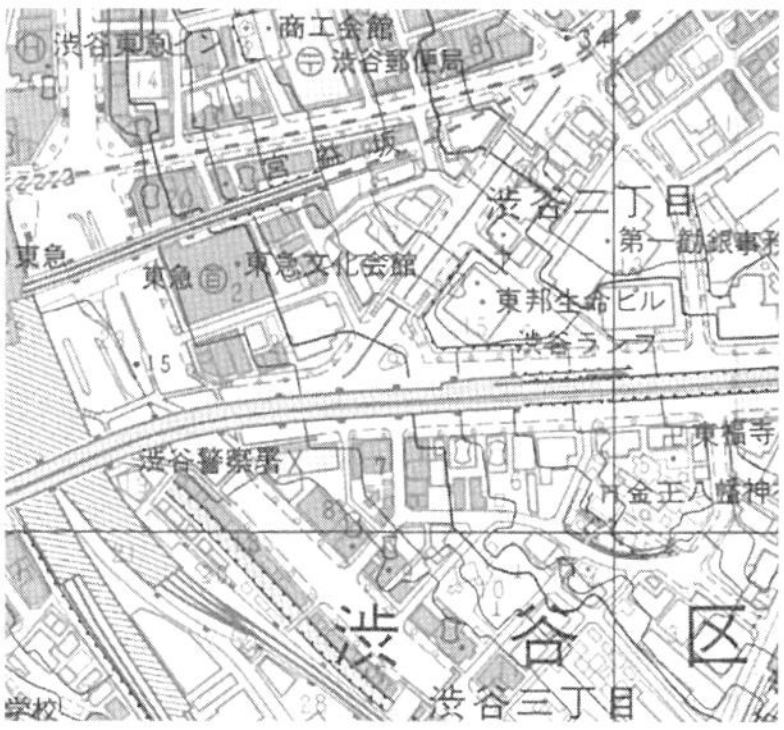

図2　横から見た普段見慣れている風景（上）と上から見た一般的な地図（右）

国土地理院発行　1/10000 地形図『渋谷』

立体構造が多く存在する大都市などでは、一番上にあるものしか表現されない。高架になった首都高速道路などの真下にある道路や河川、建物は表現されない。地下に存在する構造物も原則として表現されないのだ。たとえ、地下の部分が表現されたとしても、破線などで描かれて、やや不確かな情報として整理されるのだ。

一方、私たちは地下鉄に乗り、地下街でショッピングをし、日の光がまぶしい公園を散策し、高架道路を車で移動するなど、複雑な都市空間を苦もなく行き来する。

さらに、普段の行動では、周りの景色を横から見ているが、持ち歩く地図はといえば、あくまでも真上から見た形で表現されている。したがって、地図を読むときに、こうした地図表現上の制約と行動時の視点との差を考えてあげないと、地図がちょっと可哀想である。

例えば、建物に近づかなければ目立たない平屋の工場でも、面積が広ければ地図の上では大きく描かれる。街のどこからでも目立つ高層マンションであっても、ペンシル型で面積が狭ければ地図の上では小さな建物として表現される。

さらに、表通りから数メートル離れた位置に図書館があって、現地では見過ごされやすい建物だとしても、縮尺によっては、ほぼ道路縁に沿った形で表現されるから、地図作成者は良い目標物だとして注記文字や記号を付記する場合もある。

これらの視点の差などによって起きる事象が、地図を使う人にどのような問題を与えるかの詳細は後述するとして、とりあえず「地図は真上から見たものだ」をインプットしておくといい。

地図は縮めたもの

次に、「縮尺一万分の一地図」などと呼ぶように、一般に地図は縮めたものである。

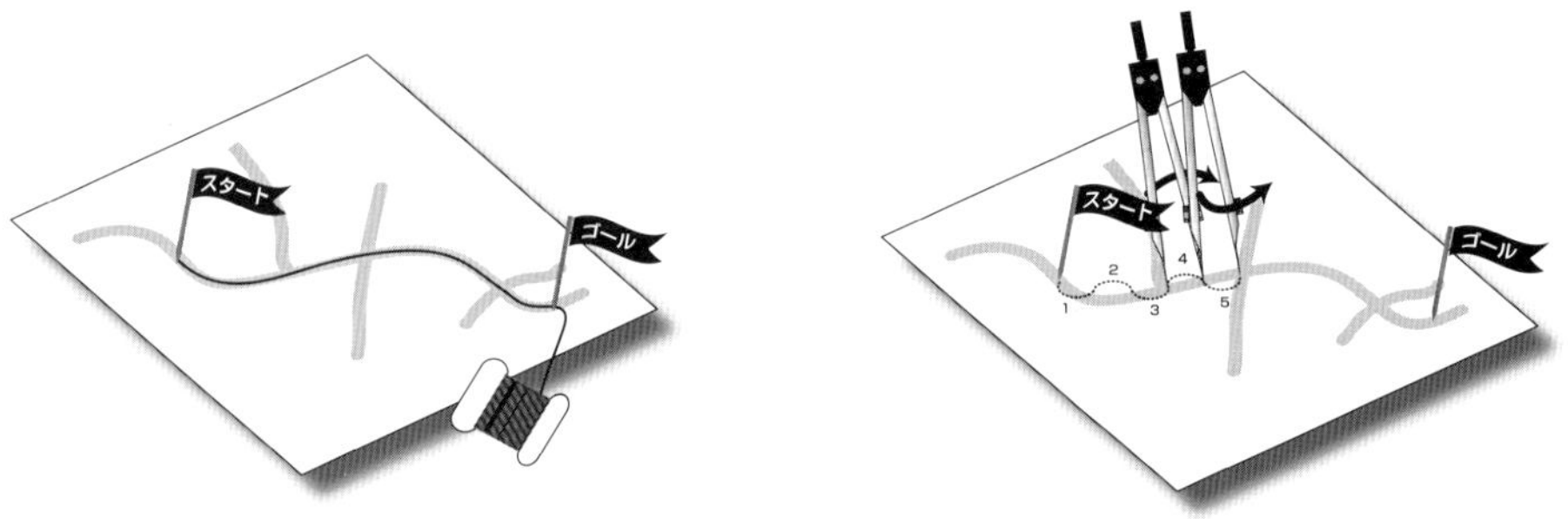

図４　コンパスや糸を使って距離をはかる

「縮尺一万分の一地図」なら、地上の十メートル（一万ミリ）が、一ミリで表現されている。

では、二万五千分の一地図では、どうなるのだろう？

考えただけで、頭が痛くなりそうだが、たいていの地図には、二点間の実際（地上）の距離を難しい計算なしで知るための工夫がある。地図の端にある「縮尺」（図３）や、地図の中に引かれた「方眼」である。これを利用すれば、おおよその距離が簡単に分かるだろう。

多地点間を結ぶ距離を知るためには、コンパス（図４）やキルビメータ（写真１）という器具を使う。このような手段で、実際の距離を知れば、目的地はどのくらい先にあるのか、始点からどのくらい歩いたかが分かる。逆にいえば、地図とは地上の風景を縮めてあるから、こうした工夫なしに、実際の距離を知ることはできない（デジタル地図では距離計測機能を使用すれば簡単に求められる）。

また、地図は地上のようすを、箱庭やミニチュアを配したジオラマのようにしたものだから、地上にあるもの全部を紙上に置いて表現はできない。現に全部を表現していない。描ききれない場合は、大きな構造物や重要と思われるものだけを表現している。

例えば、縮尺二万五千分の一地図などの小さな縮尺では、一般住宅は、すべてを表現できない。さらに小さい縮尺の五万分の一地図では、一般住宅どころか、住宅団地の中高層アパートであっても、すべてを表現できない。五棟を三棟にして表現しているのだ。

文字（注記）も同じである。縮尺に応じて利用者にとって重要と思われる文字を選択し表現しているにすぎない。

地図には、常に省略が存在し、小さな縮尺の地図になるほど、表現に誇張があるのだ。

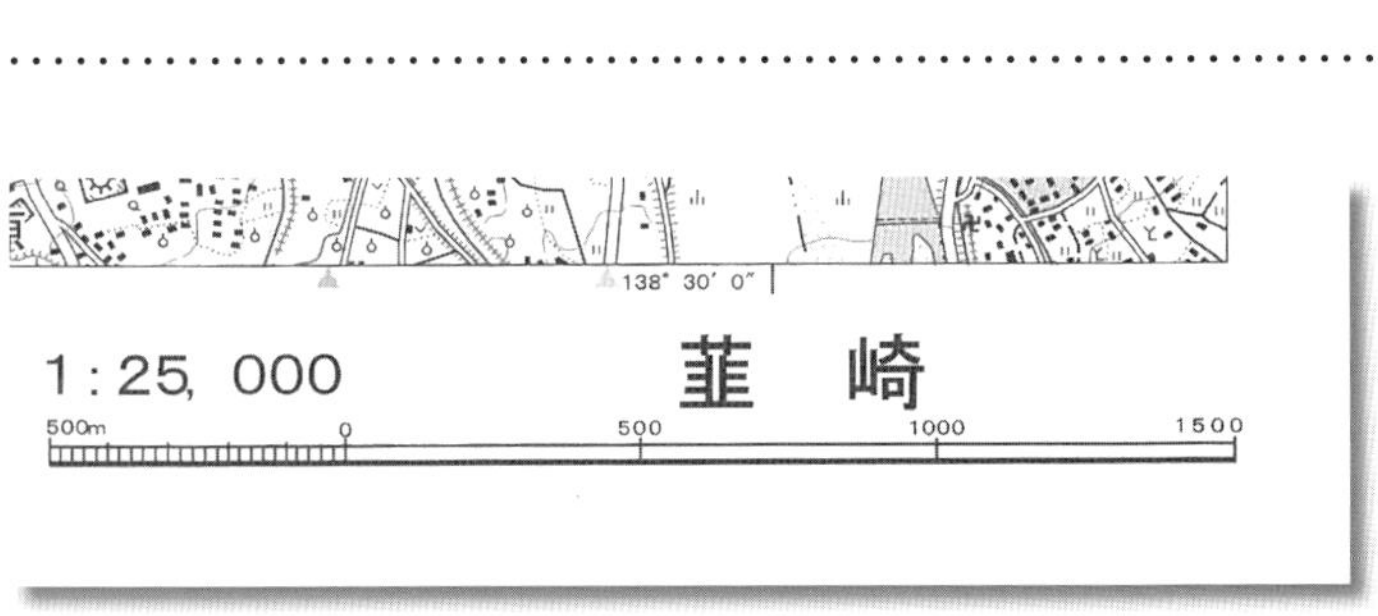

図３　地図の端にある「縮尺」

写真１　キルビメータ（地図をなぞると距離がわかる）

地図は記号でできている

写真と地図の違いについて考えてみる。

空中写真（慣例として、国土地理院は空中写真と呼び、民間会社などでは航空写真と呼んできた）や、読者が庭を写した写真なら、十分な解像力さえ持ち合わせていれば、庭の犬小屋や草花も、ごく小さく写る可能性はある。一方、地図には省略があって、小さな構造物、不必要な情報は捨てられるから、庭の犬小屋は表現されない。

しかも、写真は連続的な濃淡を持つ画像からなるが、地図は多色刷りだとしても連続的な濃淡はなく、しかもすべて記号で出来ている。

従って、子どもに空中写真を見せて、対象物が何かと質問すれば、概ね正しい答えが返ってくるだろう。しかし、地図ではそうはいかない場合が多い。

その理由は、空中写真は、あくまでも地上風景の縮小版であって、その画像は、ふだん見慣れている景色に近いからだ。

そして、「すべて記号で出来ている」という後段の文言に、読者は多少違和感を持つかもしれないが、警察署や学校といった建物の種類を表す地図記号（建物記号という）や、高塔や記念碑といった地図記号（小物体記号という）だけでなく、道路や鉄道、河川などの表現さえも、決められた線の太さ、色、形などで示される地図記号で表現されているの

豆知識 3　縮尺とは？　大縮尺とは？

特別な例をのぞき、地図は地球を対象として、縮小して表現している。

このとき縮尺（1/m）は、地図上の距離と実際の距離の比で表す。実際の大きさに近い地図、分母の「m」が小さい地図を大きな縮尺の地図という。また、「千分の一地図は、一万分の一地図よりも大きな縮尺の地図である」のようにいう。

日本でいわれる縮尺区分は、おおよそ次のとおりである。「日本で」と限定するのは、大縮尺図、小縮尺図という区分が、対象とする国土の広さや整備されている地図と関連して、国によって異なるからだ。

大縮尺図：一万分の一より大きい縮尺の地図
中縮尺図：一万分の一から十万分の一程度の縮尺の地図
小縮尺図：十万分の一より小さい縮尺の地図
（各縮尺の地図のサンプルは、末尾付録にあります）

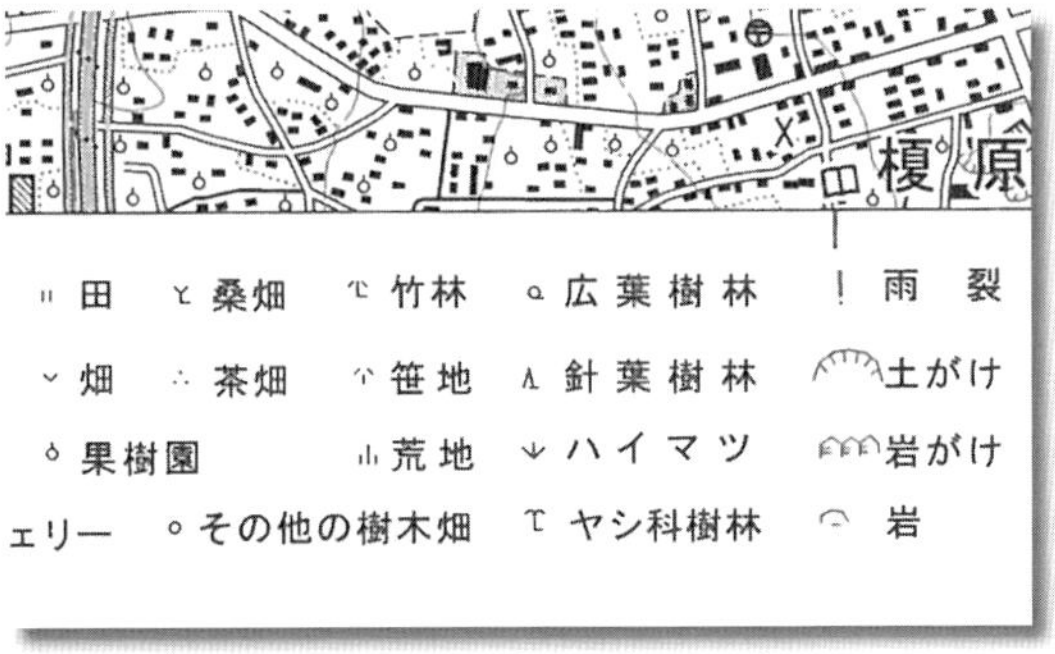

図５　地図の余白にある「凡例」の一部

だ。

詳細は後述するが、国土地理院の地図なら、ＪＲ（鉄道）は白と黒とで連続的に描かれる旗竿のような記号で表現し、河川の両岸は青色の線で、その内側は青色の網点で埋めて表現する決まりになっている。

このように地図なら、どの部分をとっても、すべて「図式」と呼ばれる決まりに従って描かれている。「図式」は、作られる地図の種類によって内容に差はあるものの、地図全般が用意しているものだ。

といっても、地図利用者が「図式」の内容を、最初からすべて覚える必要はなく、「この地図記号は何を表現しているのだろう」「なぜ、この滝が地図に表現されていないのだろう」などと、地図読みに行き詰まったら、振り返ってみればいい。

ちなみに地図の余白に用意された「凡例」（図５）は、図式の主要な記号に関する部分を抜き書きしたものだ。

地図の上辺は（厳密には）北ではない？

野山歩きをする人のために、もう一つ知ってほしい要点がある。

世界中のほとんどの地図は、北を上にして表現している。だが、その北（真北）とコンパス（方位磁石）の示す北（磁北）とは、厳密には一致しないということだ。

コンパスの指す北（磁北）は、場所によって少しずつ異なる値を示し、時とともに変化する。例えば、西暦一六五〇年ころの日本付近では、真北に対して磁北は東へ八度かたむき、伊能忠敬が測量した一八〇〇年ころには、真北と磁北がほぼ一致していた（西偏数度ほど）。

それが現在では、関東地方で真北に対して磁北は西に七度ほどかたむく（西偏七度という）。

したがって、地図を地上の風景に一致させて正しく置くには（「整置」という）、コンパスから求めた北（磁北）に対して、地域に応じた一定

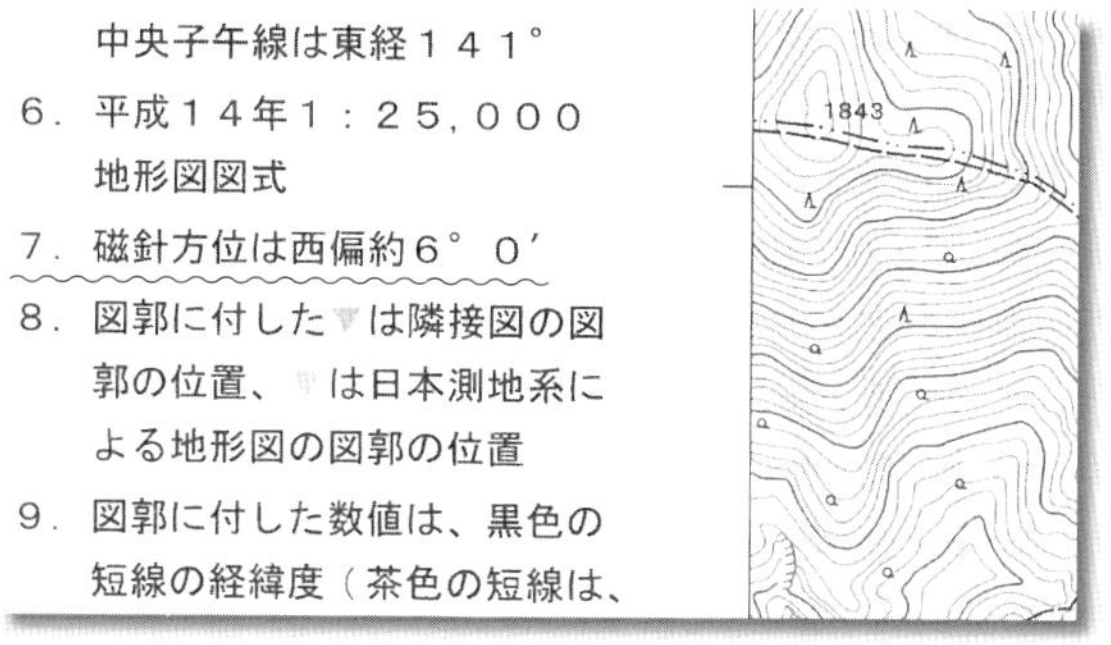
中央子午線は東経１４１°
６．平成１４年１：２５，０００
地形図図式
７．磁針方位は西偏約６°０′
８．図郭に付した▼は隣接図の図
郭の位置、▼は日本測地系に
よる地形図の図郭の位置
９．図郭に付した数値は、黒色の
短線の経緯度（茶色の短線は、
1843

図６　地図の余白には磁針方位が記されている

の度数（図６）だけ地図を傾けなければならない。
言い換えれば、地図の上下線に対して、余白に書かれた偏角分だけ傾けた線をあらかじめ引いておき、この線にコンパスを一致させて利用する（詳しくは54頁参照）。

ところで、現実の街歩きでは、コンパスを使用する人を見かけないし、方位すら意識しない場面が多いだろう。

こうした、地図を持たない街歩きの場面を考えてみる。

北の方向は（これも、通常あまり意識しないが）、太陽の位置や鉄道駅や通りの方向といった主要なランドマークを参考にして、おおむね決めることが可能である。これらを基準とした方向をもとに、「頭脳の地図」と対比させて行動し、その後の周辺風景で微調整しながら進んでいるはずだ。

この、「適宜微調整する」ことが重要である。

さらに、頭脳の中に「東京タワーは、浜松町駅の西にある」といった、おおよその座標軸を併せ持っていれば、浜松町駅から東京タワーまでは、ひたすら視線の先にある東京タワーを目指し、帰りには、太陽を参考にして東京タワーを西方向に置いて、東方向にある浜松町駅へ戻ることは可能である。

このように、街歩きでは、コンパスも地図さえも必要ではない場合もあるだろう。

しかし、予め各地の地図を頭脳にたくさん蓄積しておくことは、常人には容易ではないし、頭脳の地図だけでは行動範囲が限定され、新しい発見に出会えないから、どうしても手持ちの地図が必要になる。第一、地図なしでは、空想する楽しさも失われる。

すぐに広がる（ミウラ折り）

ミウラ折りとは、1970 年に三浦公亮博士が考案した折り畳み方。

- - - - - - - - 山折り

·················· 谷折り

1

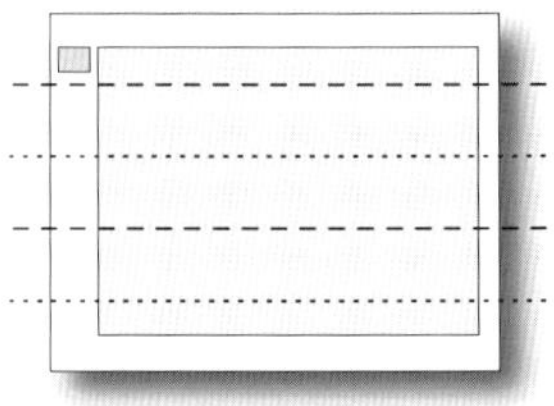

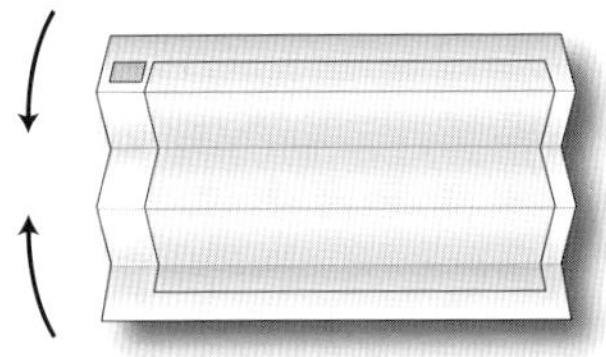

横に蛇腹折りする

2

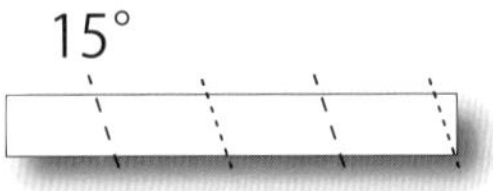

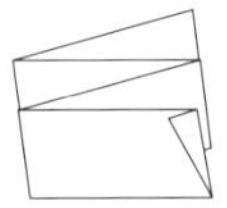

15° ぐらいの角度で山折り・谷折りと交互に折っていく

3

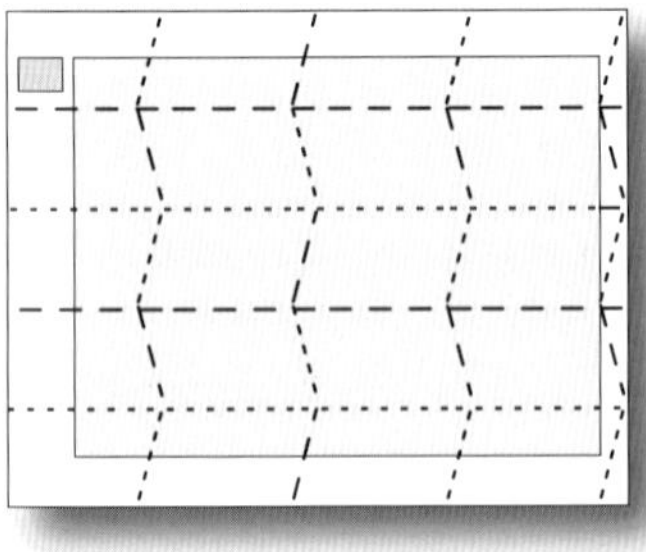

2 を開いた状態

4

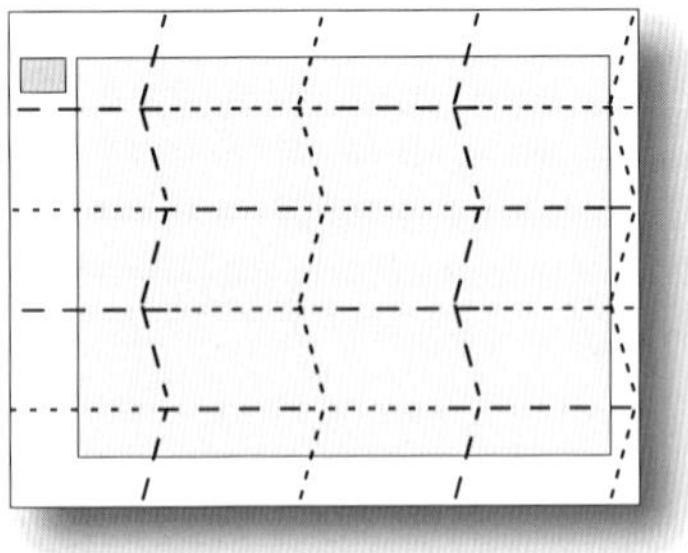

折り目を上図のように折り直し、たたむと完成

この 2 箇所をつまんで広げる

表

裏

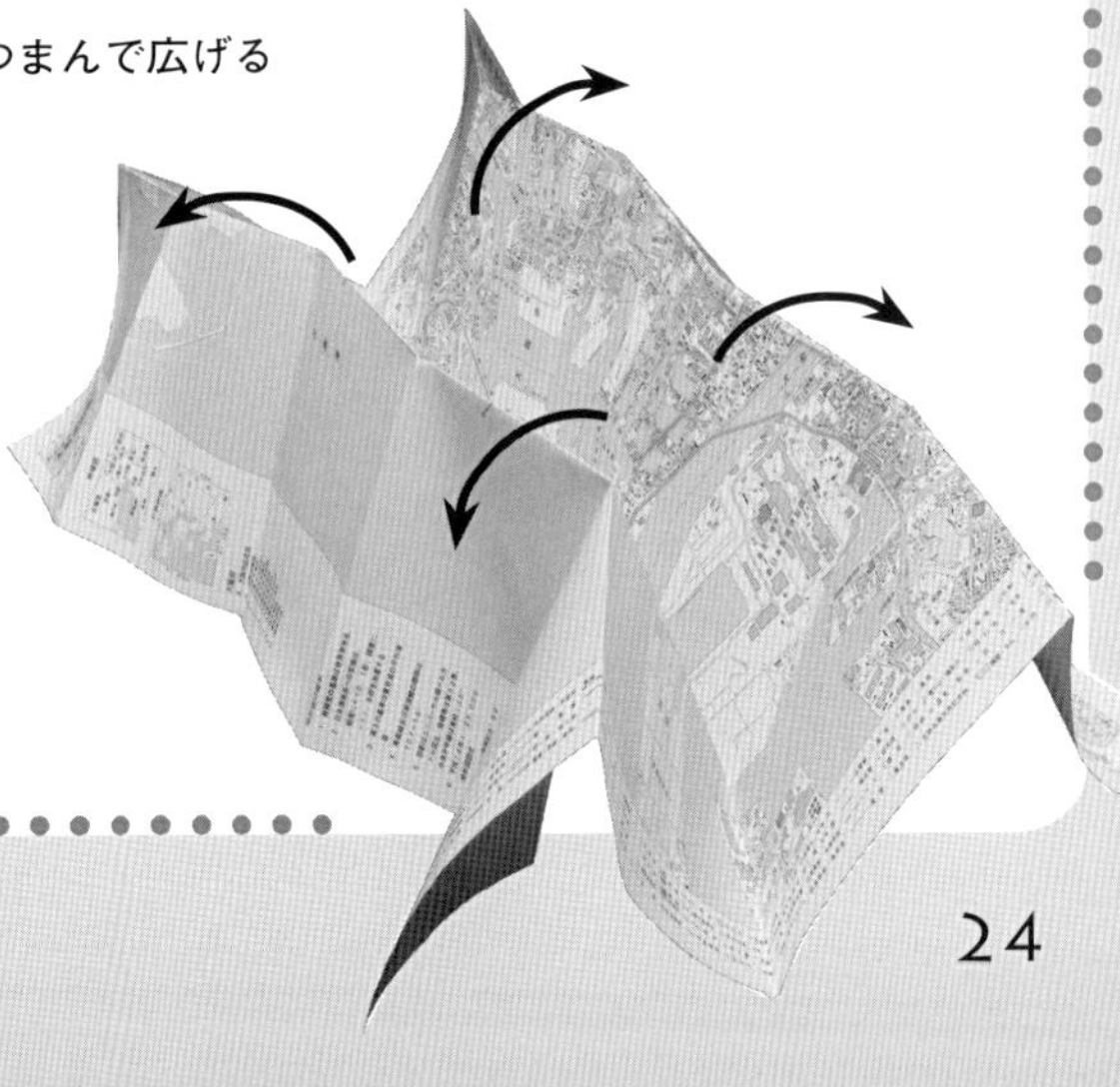

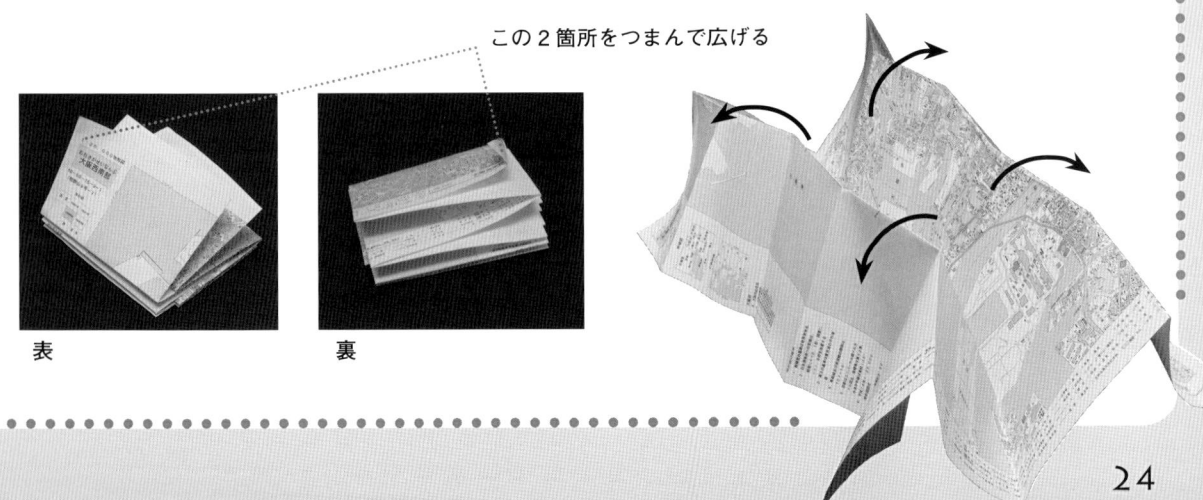

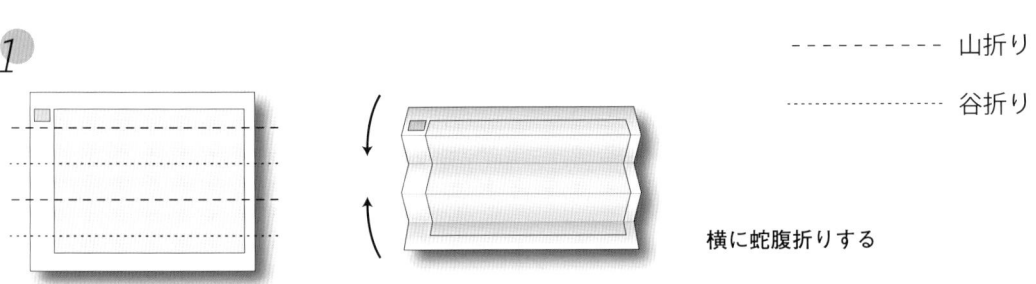

第二章

面白いを歩く

国土地理院発行　1/25000 地形図『津山西部』
同『津山東部』

西新町の町屋

地図を眺めて想像を楽しむ

～津山城下の街道をたどる～

地図を広げて街歩き、野歩きをするためには、事前に地図から「面白い」を発見し、計画を立てなければならない。では、どのようなところに「面白い」が発見できるだろうか。一つの例を紹介しよう。

地図は、岡山県津山市（津山城）周辺である。ここは、私がかねてから訪ねてみたいと思っていた場所だが、桜の名所として知られる城下町であるという以外に、事前に当地の情報を入手していないし、一度も訪問していない。今回初めて地図を広げてみた。その津山城下で、旧街道を見つける旅を計画してみよう。

津山城は、二万五千分の一地図にも史跡名勝を示す地図記号とともに、「津山城址」とあるから、誰にでも分かるだろう。そして、すぐ近くには「大手町」とあって、過去には主要な武家屋敷があった場所なのだろうが、大きな屋敷跡は再開発も容易だから、すぐに取り壊されて、東京都の大手町に見られるように官庁やビジネスビルが並んでいるのが普通である。

津山市でも、大手町とあるあたりから北の城跡にかけては、周辺の道路に比べてやや整然としていて、官公庁の記号も見え、少々の空き地も見えるから、むかしの風景に出会うのは難しいだろう。

もっと街全体を眺めて、旧街道をたどりながら街歩きを楽しむための「面白い」を見つけてみよう。

東西に流れる川（「吉井川」）に並行して交通路が発達し、細長く広がった街の東西の端には、寺社の記号が多くある。

寺町は、敵の侵入や攻撃から街を守る目的もあったから、ここが旧来の街はずれの可能性が高い。墓地が併設さ

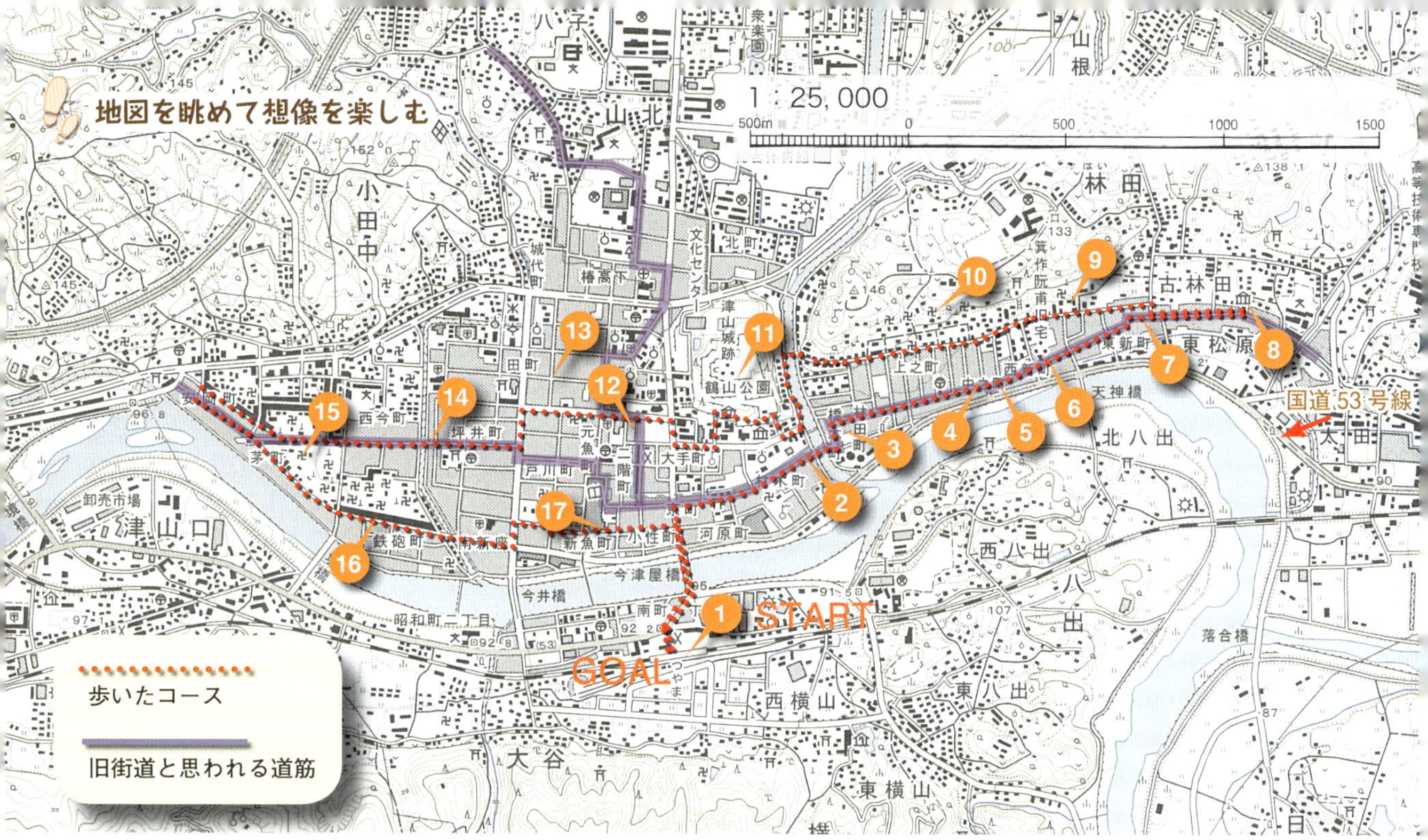

れた寺町なら、再開発もされにくいから風情が残っているだろう。そして、中心市街地を経由して東と西の寺町を結ぶ線上に旧街道があるはずだ。

茶色で表現されている現在の国道五三号線は、自動車交通のための適度な道幅を持ち、緩やかな曲線形となり、しかも町の西では人口密集地を避けるように吉井川を南に渡っているから、旧街道ではないだろう。

国道よりもやや北に位置する「西新町」「林田町」「材木町」「河原町」「新魚町」「南新座」…「鉄砲町」などをつなぐ通りが、地名文字の並びや住宅の密集具合から旧街道と思われる。

主な行程

①ＪＲ津山駅	START
②（橋本町）東大番所跡	1.0km
④（作州城東屋敷）	
⑤（中之町）「大曲がり」	1.6km
⑥（箕作阮甫旧宅）	
⑦（東新町）「荒神曲がり」	2.2km
③旧洋学資料館	2.6km
⑩（上之町通り）千光寺	3.6km
⑪津山城	4.8km
⑬（田町武家屋敷）	
⑭西大番所跡	6.0km
⑮西寺町	6.3km
⑯鉄砲町	7.5km
⑰小性町	8.5km
①ＪＲ津山駅	GOAL 9.0km

材木町から橋本町をのぞむ

荒神曲り

城下町には、敵の侵入を防ぐ目的を持つ鍵の手になった特徴的な路地、「鍵曲がり」が残っている場合が多い。それは、地図を詳細に見ると発見できる。そして、「橋本」という地名は、河川の近くに位置して、橋のたもとの町を意味することが多い。

「鍵曲がり」のような道筋が見えた「東新町」や「中之町」を経て、南北に流れる「宮川」を渡る「橋本町」が旧街道の通過ポイントである。

橋を西へ渡った先は、街の広がりに合わせたように、先ほどの「小性町（もとは小姓町か？）」を経て「鉄砲町」を経由する通りと、「鍵曲がり」の片鱗と思われる食い違いが交差点として残っている「元魚町」から「坪井町」へと向かう二つの通りが予想できる。

さらに、田町辺りから北方向にも食い違い交差点が残り、通りに沿った集落も発達しているから、「椿高下」を経て北へ向かう緩やかな曲がりのある通りも、旧街道として期待できるだろう。

START

1 ＪＲ津山駅前の「水準点 53-061」を見てから、津山城下旧街道歩きをスタート

2 宮川大橋の西詰には、津山城下（内町）への出入りを見張る、東の「大番所」があった

3 宮川を渡った道は、「鍵曲がり」のように大きく北に折れ、出雲街道の北側に延びる小路には趣がある

4 作州城東屋敷のある街道沿いには町家が、大溝（水路）を隔てた北側には武家屋敷と寺院が並んでいたという

5 （中之町）「大曲がり」と呼ばれる鍵曲がり

6 医者で、地理学にも造詣のあった箕作阮甫旧宅の隣には、新しい洋学資料館が 22 年 3 月に開館予定

7 今も作州鎌を作る家並の先に、（東新町）「荒神曲がり」がある

8 元銀行だという赤レンガ造りの旧洋学資料館

9 静かな佇まいの上之町通りの南側には武家屋敷、北側には寺町が続く

10 みごとな枝垂れ桜のある千光寺のほか、多くの寺院が続く

11 桜が有名な津山城（鶴山公園）は、石垣が特に見事である

12 京町・大手町から先の出雲街道は、やや不明になる

13 田町には、今にも侍が出てきそうな旧武家屋敷が並ぶ

14 翁橋の東詰には、津山城下（内町）への出入りを見張る、西の「大番所」があった

15 城下の防衛のために配置されたという、西寺町の寺院の並びに圧倒される

16 鉄砲町には今も鉄砲火薬店が残る

17 中心市街地には、魚町、船頭町、細工町、鍛冶町などがある

GOAL

JR 津山駅

地図に記載された地名からは、「橋本町」だけでなく「鉄砲町」「小性町」といった素人目にも、当時を思い浮かべられそうな地名が多く存在する。このようなポイントを訪ねると旧街道の風景に出会えるだろう。

現在の地図を見ても、これだけのことがわかるのだから、明治大正期の旧版地図（入手方法などは巻末の付録参照）や江戸期の古地図を併せて参照すれば、もっと多くの推測ができるはずだ。

自分なりの予想を立てて、街歩きをして「面白い」を発見するといい。

勝手な予想をもとに、後日津山を訪れてみた。そのときの様子は、ここに順に記した通りで、ほぼ予想どおりの街道の風景があった。

豆知識4 地図の名前（「図名」）とは？

街歩きなどに使用する地形図を購入する場合に必要になる、地図に付けられた名前のことを「図名」と呼ぶ。その「図名」は、どのように付けられたのか。

地図の決まりは、次のようになっている。①含まれる著名な居住地名、②行政名、③著名な山岳や湖・池など、また、どうしても適当な名称がないときは、④「札内川上流」などのような隣接した図名にプラスアルファし、同地名が存在するときは、「肥後吉田」のように旧国名を加える。

ところで、五万分の一地形図「野田」（千葉県）に含まれる、二万五千分の一地形図は「野田市」「守谷」「流山」「越谷」4図で、この辺りでは一番大きな「柏（市）」の名前は一向に出てこない。どうしたのだろうか。

図名は符号的な意味合いを持ったものだから、混乱を避ける目的もあって、一旦名前が付けられると、できるだけ変更しない。そのため、時代を反映しない図名も多く存在する。

紙地図では、図名についてこのように整理しているが、平成の大合併によって、さらに混乱しそうである。

そこで、国土地理院では、ネット公開の地図について、図名のほかに区画に含まれる主な都市名などをカッコ書きで併記して、利用者の便宜を図っている。

地図の旅 ROUTE 3

現地を歩いて過去を探す

～渋谷川（穏田川）の源流を訪ねる～

主な行程

①ＪＲ渋谷駅	START
⑤（宮下橋跡）	
⑧（穏田橋跡）	
⑨ 参道橋跡	１．３km
⑪ 原宿橋跡	２．０km
⑭（明治公園）	
⑮ 外苑橋交差点	３．０km
⑯（創価学会裏から下池）	
⑱（大京公園・外苑西通り）	
㉑（玉川上水四谷大木戸跡）	
㉒ 新宿御苑大木戸門	４．３km
㉓ 上池・母と子の森	
㉔ 新宿御苑新宿門	６．７km
㉕ 天龍寺	７．３km
㉖ ＪＲ新宿駅	GOAL ７．８km

次に、国土地理院が過去に発行していた地図（旧版地図）や太平洋戦争後に米軍が撮影した空中写真（いずれも入手方法などの詳細は巻末の付録参照）を使用して訪ねた、東京都の渋谷川（穏田川）源流探しの例を紹介する。

渋谷川、正式には新宿御苑から渋谷駅付近までの流れを穏田川といい、これより西にある小田急線代々木八幡駅付近から渋谷駅までの流れが河骨（こうほね）川、宇田（うだ）川と呼ばれ、二つの支流が渋谷駅付近で合流して、渋谷川となって海へ注いでいる。

さらに、この合流地点から下流の渋谷区内宮益橋から天現寺橋までの二・六キロを渋谷川といい、これに続く下流の港区内天現寺橋から河口までの四・四キロは古川と名を変える。

現在、この渋谷川で誰が見ても河川だといえる状態なのは、渋谷駅南（下流）だけで、これより上流で川らしきものを目にすることはできない。暗渠となってしまったのだ。

大都市では、こうした事例は多くあって、しかも地上は緑道などに有効利用されているのが一般的だ。現地に

現地を歩いて過去を探す

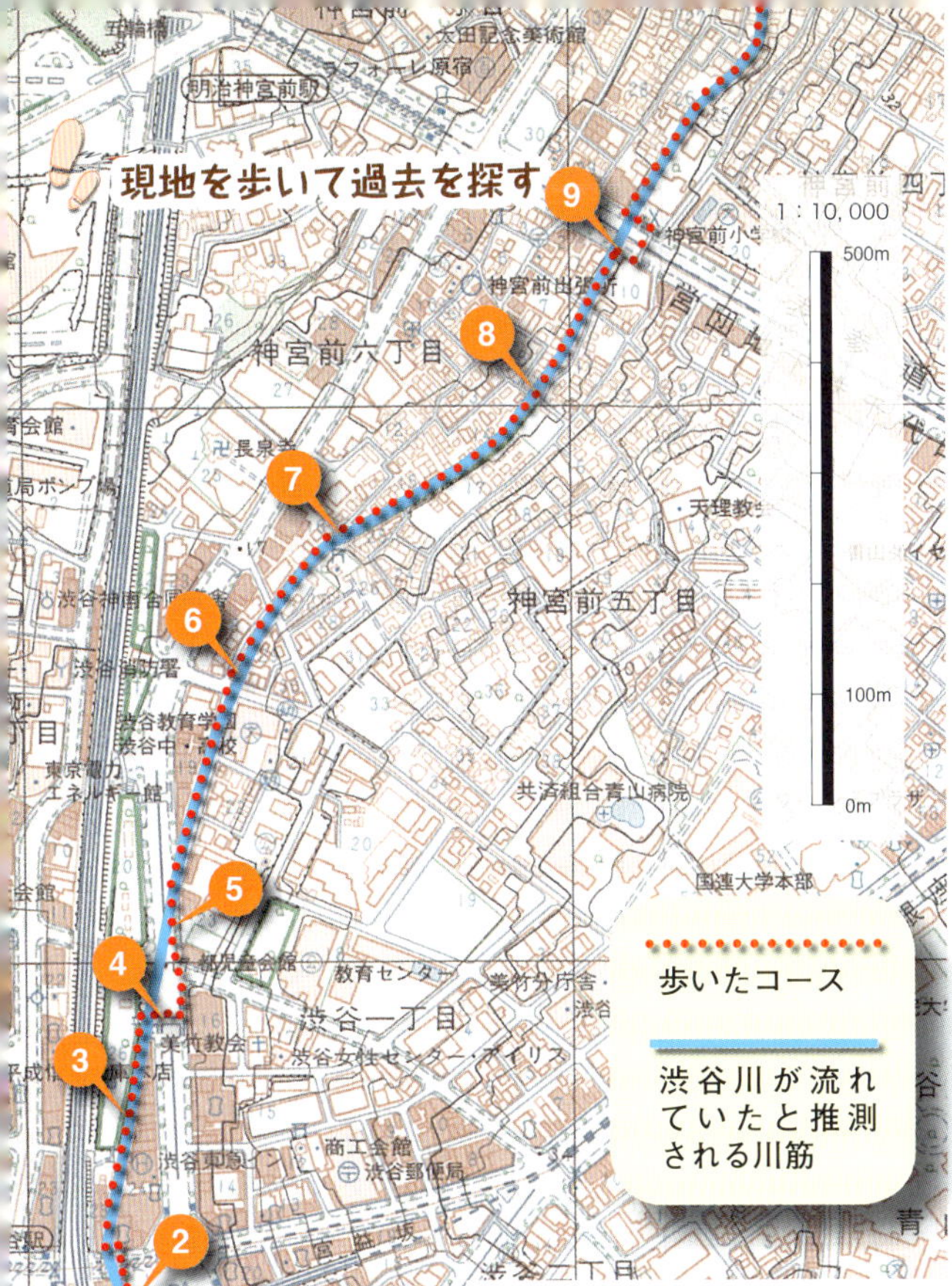

国土地理院発行　1/10000 地形図『渋谷』

は川の蛇行を感じさせる道の曲がりがあるほか、気をつけて歩くと小さな痕跡を見つけられるだろう。

かつての川の痕跡を発見しながら、源流を訪ねる街歩きに向かう。

まず地図を用意する。こうした大都会の街歩きに二万五千分の一は、やや不便だ。維持管理が実施されていないが、一万分の一地図が使い勝手がいい。「渋谷」と「新宿」（いずれも平成五年修正）を準備する。併せて、一九四七（昭和二二）年撮影の米軍が撮影した空中写真を参照すると当時の河川ルートが一目瞭然だ。こうした写真は、国土地理院のサイトで閲覧できるから、普通はこれで十分だろう。

さらに、国土地理院のコピーサービスで入手した明治期の旧版地図（37頁参照）を使用すると完璧だ。

地図を見ても、渋谷駅から上流（北）に河川の記入はない。しかし、前述の空中写真を参照すれば、まだ戦争の爪跡が残る住宅地を南北に川が流れるようすが明らかで、穏田川の存在は歴然としている。

空中写真（あるいは旧版の地図）を参考にして、地図の上に旧河川跡と思われる筋をマークしたものを持参して現地に出発する。また、等高線が読める人なら、マークした川筋周辺の等高線を色鉛筆などで強調しておくと、現地での詳細な位置や分流地点などを推測する手助けになるだろう。

現地では、河川跡を示す構造物などを見つけながら、計画ルートに柔軟に対応して進むと、川を跨ぐ橋の構造物の一部や、道路の小さな高まりが、過去の小橋の存在を示すだろう。そして、橋の存在を思わせる（交差点名称となった）地名、河川の縁を示すコンク

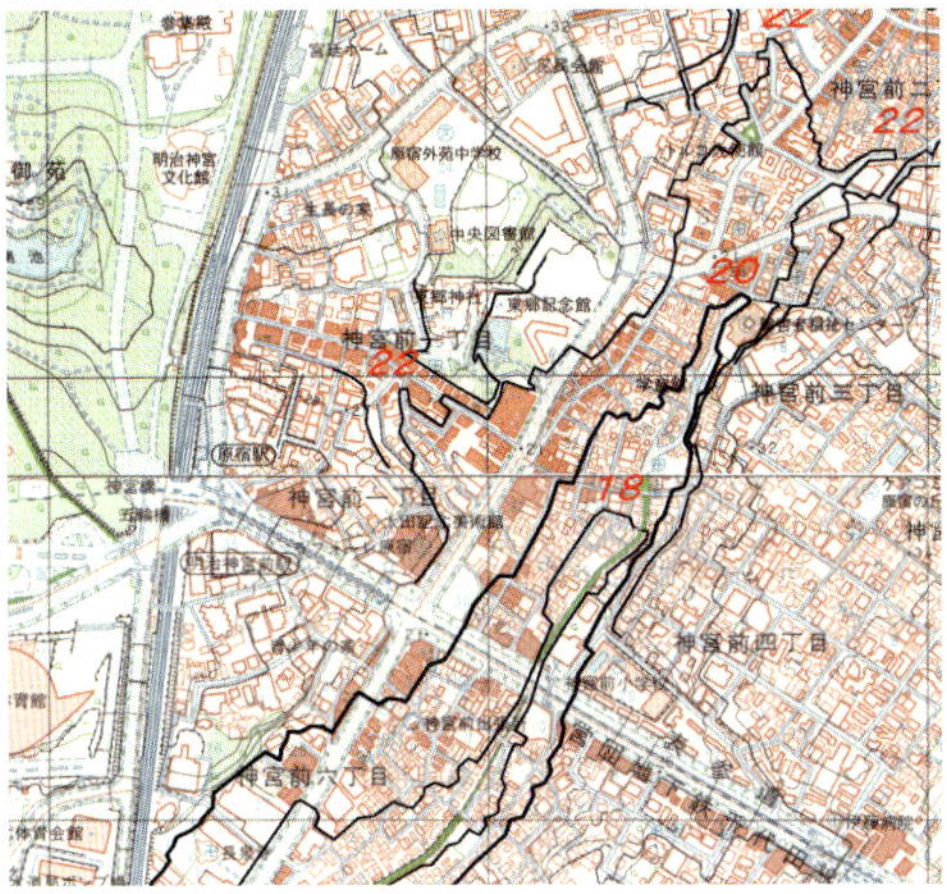

等高線を強調した地形図

渋谷川の空中写真
（1947（昭和 22）年　米軍撮影「M449-116」）

START 1

渋谷川は、ここから上流で暗渠になる

リート積みも随所にみられるから、これらを確認しながら進み、机上での予想と比較するといい。

実際の街歩きのようすを再現してみよう。

渋谷駅南にある歩道橋上から暗渠になる前の、両側をコンクリートで固められた渋谷川を眺めて出発する。

空中写真から予想される宮下公園の駐輪場方向の川筋を振り向くと、その線上に駅ビルが建っている。確かに、この線上に暗渠があって、ビルの地下建築に影響を与えている。いや、そればかりでなく、その先を走る東京メトロの半蔵門線の歩行者用通路も暗渠によって寸断されているのだという。

この地点で、宇田川町方面へ上る宇田川（さらに上流では河骨川となる）、そして新宿御苑方向へ上る穏田川が、地下で分流しているのだが、これは地上からは確認できない。

東へ分流した穏田川は、宮下公園の駐輪場下を通過し、明治通りと鋭角に交差して、（官の地図には、記載されていないが）通称キャッツストリート

2

渋谷川暗渠のルート上には、駅ビルや地下鉄駅もあるが、これを切断するように通過している

3

宮下公園駐輪場も、渋谷川（穏田川）の跡

へと進む。

明治通りを横断する手前の歩道橋から眺めると「ああ、あの鋭角に発展する通りが川跡か」と、川筋の存在が明らかになる。そして、交差点を渡った先には落書きのある宮下橋の橋柱がさりげなく立っている。

この後も、主要な道が横切る要所には、穏田橋、参道橋、原宿橋などの橋柱と、信号機の脇には観音橋、外苑橋の地名も残っており、空中写真から判断しても、過去に橋の存在が明らかだ。市販の江戸切絵図によると、現在の渋谷駅付近から外苑西通りの観音橋付近までの間に、六つの橋の存在が確認できる。

明治通りと並行するように北に向かう通りは、なだらかな曲線を描き、車道になっている中心部が河川跡、やや低くなった両端の歩道部分が岸にあたるところだ。縁石などに、その面影が見える。

現地では、先ほどの主要な橋だけでなく、橋があった個所は道路が緩やかに上っていて、小さな橋の存在を示している。河川堤防との関係で橋の部分で道路が高くなるのは、ゼロメートル

現地を歩いて過去を探す

地帯などの低地部で、ごく普通に見られる特徴である。

穏田橋柱（通りの東側にある）の手前には、穏田川跡だとしてたどってきたキャッツストリートよりも低い路面が通りの西側に現れて、「こちらが本流か」と見誤りそうな場所がある。これは、竹下通りの南から、原宿駅付近を経由して明治神宮の南池へと上る分流跡だ。この明治神宮への流れも、確認して見ると面白いだろう。

穏田橋跡からさらに北へ進んで、一段と高くなった参道橋（「さんだうはし」と刻みがある）の五本の橋柱が残る表参道を横切ると、どう見ても河川跡に違いないと思える蛇行道になる。参道橋の橋柱は、なぜ五本あるのだろう？　橋柱の方向は昔のままだろうか？　などとむかしに思いを巡らしながら、表参道の賑わいは無視して通りを後にする。

その後、原宿橋跡（橋柱は、通りの左右に二本にある）を経て、外苑西通りまで、蛇行道をたどるのは容易だろう。まして、空中写真を手にして歩け

4

横断歩道橋上から見ると、明治通りを横切ってキャッツストリートへと進む川筋が明らかになる

5

明治通りのＹ字型になった交差点脇に「宮下橋柱」がひとつある

6

キャッツストリート中央の児童公園が渋谷川の跡

7

この辺りに、小橋の跡があり、神宮外苑南池方向へと連なる分流跡もある

8

ここに、新しい「穏田橋」の碑がある

9

にぎわいの中に「参道橋柱（「さんだうはし」とある）」が、なぜか５本ある

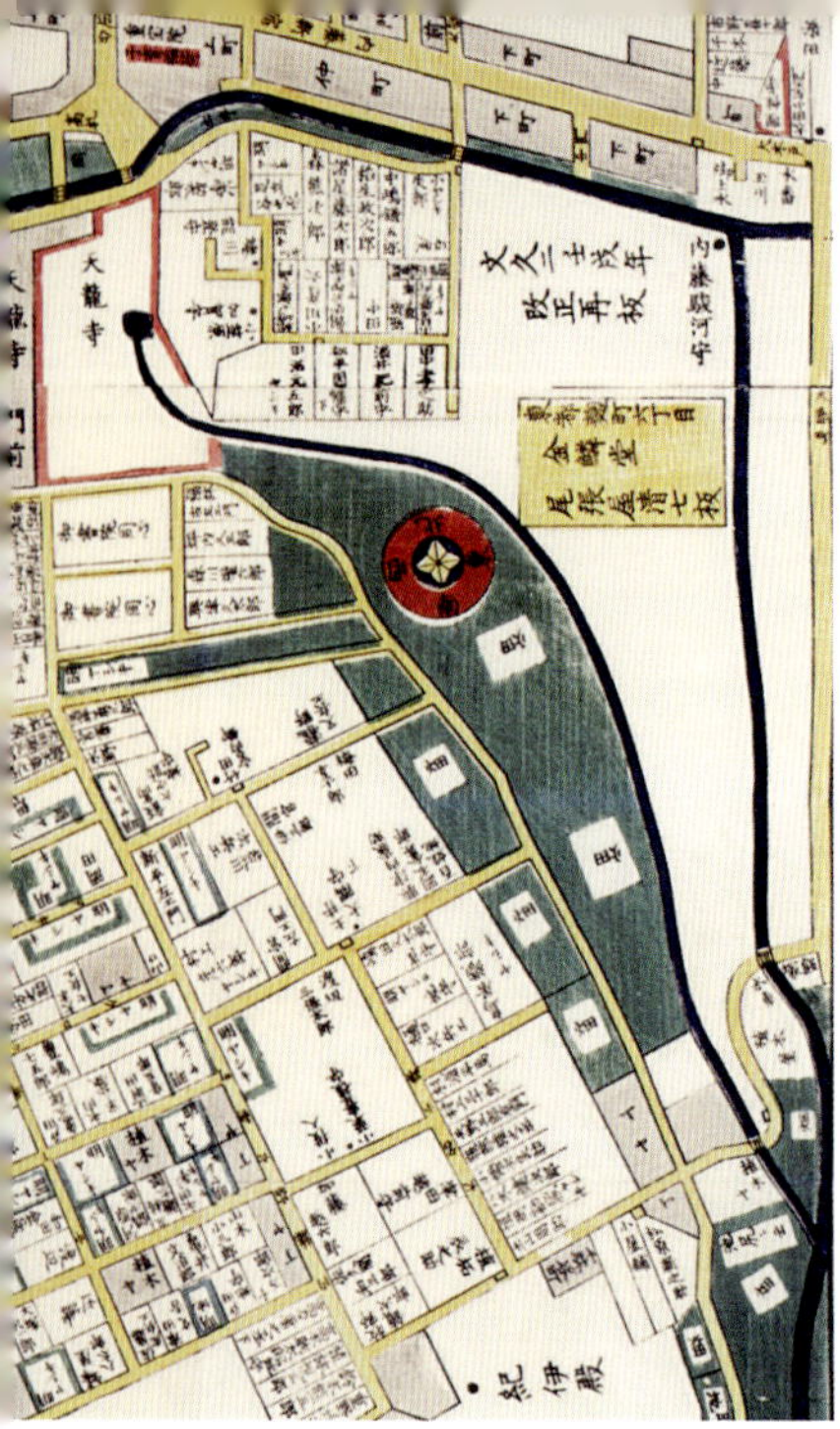

江戸切絵図　内藤新宿千駄ヶ谷（部分）
（国立国会図書館所蔵）

ば、なおのことである。

　ところが、今回の源流をたどる道歩きは、渋谷駅からの始まり部分とお終いが、やや分かりにくい。

　明治通りを横切ってから先は、どうつなげていいか分からない。

　空中写真と地図をパソコン上で重ね合わせをするとやや明らかになるが、これでは面白味がない。

　老眼鏡を使う身にはこたえるが、図上の等高線を読むのが容易なら、一万分の一地図で線をなぞってみる。そうすると、標高の高い方から見て、指で作ったV字に合致する等高線が、「谷」

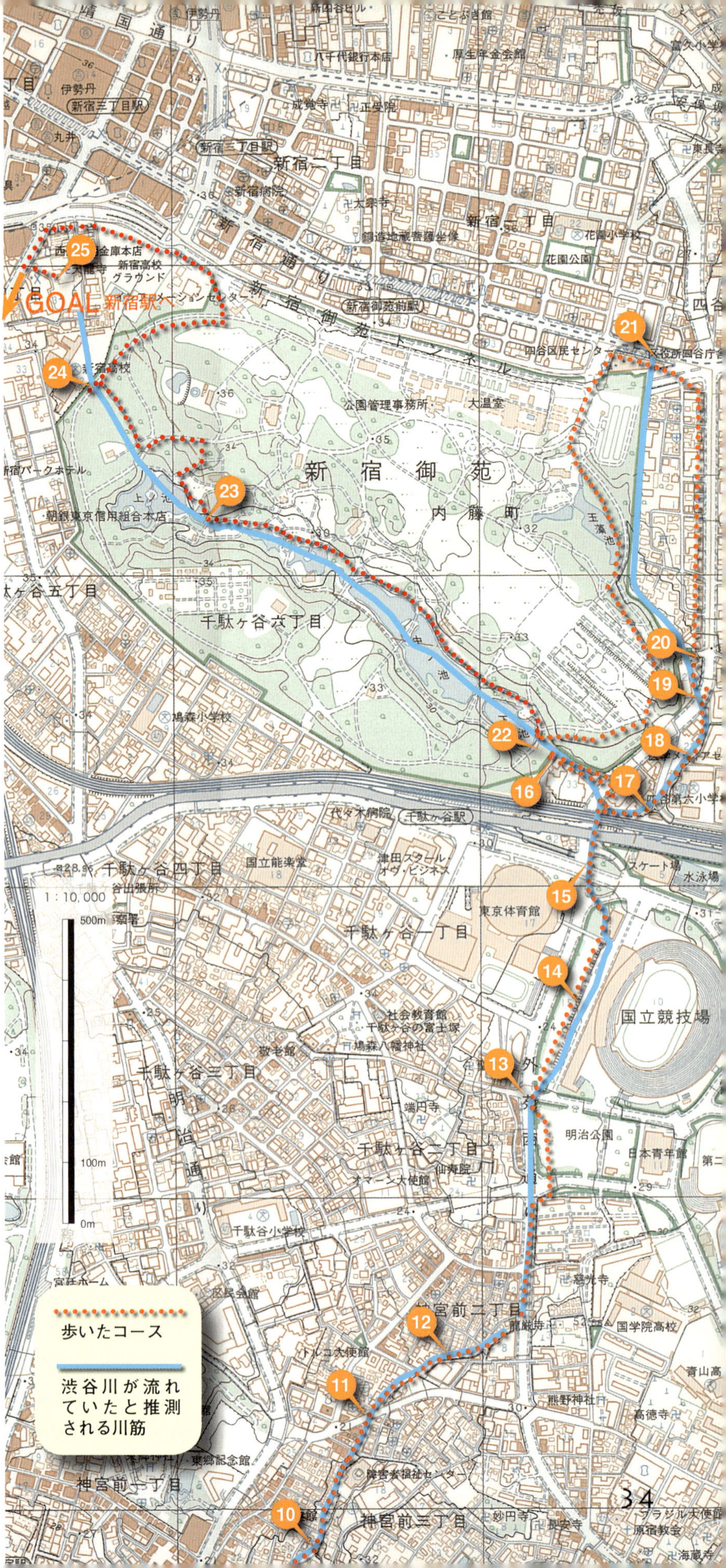

国土地理院発行　1/10000 地形図『新宿』

現地を歩いて過去を探す

を示すから（84頁参照）、河川跡を予想できる。

ずーっと谷をたどっていき、新宿御苑内の池につながるのを確認する。ちょっと嬉しくなる。

地図の等高線がやや苦手な方は、簡単な当たりだけつけて、周囲の風景に関心を向けながら注意深く進む。そうすると、「観音橋」や「外苑橋」といった（信号機についた）地名に気づくだろう。

もう一度、市販の江戸切絵図を参照すると、この辺りは外苑東通りの西にある仙寿院と東にある龍巌寺の間、すなわち外苑東通りが川筋のようだ。

明治通りの東側を抜け、国立競技場脇の明治公園を辿った穏田川は、JRの高架橋をくぐると、さらに二つに分かれる。一つは、道路を隔てた創価学会敷地内を通り、新宿御苑内下池に向かう川筋。もう一つは東側線路に沿った小公園内経て御苑内玉藻池、玉川上水跡へ向かう流れだ。いずれも、等高線から簡単に推察できるだろう。

前者は、創価学会敷地と新宿御苑の

10

蛇行する道筋の舗道縁石の小さな凹凸も、川の名残を想像させる

11

文字は削られて見えないが、この辺りに「原宿橋柱」が２本ある

12

「ここに、川が流れていました」

13

交差点名称は、川跡を思わせる「観音橋」とある

14

渋谷川の流れは、枯れ川のように作られている明治公園の東縁にあったようだ

15

「外苑橋」交差点の先で、新宿御苑下池方向と玉川上水方向の二つに分流する

塀に挟まれた道を突き当りまで進み、柵越しに園内を覗くと下池からの水口があって、滔々と流れているのを確認すると、ちょっと感激する。

後者は、小公園をそのまま進み外苑西通りを東へまたぎ、しばらく進んだマンション裏の空の掘割状になった小公園となり、さらに同通りを西に跨ぐ場所には、橋（名称はないが）の欄干が残っている。江戸切絵図には、このあたりに「水車」と書かれているから、当時は相当の水量があったのだろう。

その後、穏田川は御苑の塀に沿って北へ進み、一部は西へ折れて玉藻池の水口へと続く。残りは、人工河川を思わせる傾斜のきつい大きな掘割状になってまっすぐ北へと延び、玉川上水四谷大木戸（新宿通り）につながり、上水の余水吐きとなっていたことは、大正五年測量・昭和四年修正の地図「東京西部」に、「旧玉川上水」と記載されていて明確である。

最終章は、案内地図を手にして新宿御苑に入園し、先ほどの空掘方向へ注いでいる玉藻池と下池の水口を確認し、さらに園内を西へ横断し、池をつないで上流へと向かう。すると、最奥

16

新宿御苑の柵越しに下池へ向かう流れを見る

17

玉川上水方向への流れは、ＪＲ沿いの小公園を通過して、外苑西通りを東へ跨ぐ

18

マンション裏の山京公園は、どう見ても川跡だと思わせる雰囲気がある

の上池の北「母と子の森」付近にも（国土地理院の地図には記載がないが）池があって、ここが渋谷川（穏田川）の最終地点だ。

御苑内の経路は、等高線から見てもほぼ谷位置にあり、河川に沿うことが多い行政界（渋谷区と新宿区の境界）との整合も取れる。

江戸切絵図では、その後御苑の西北にある天龍寺境内の泉へとつながっている（34頁）が、現在の同寺敷地は当時に比べて縮小されていて、残念ながらその泉はもう無い。

こうして、「渋谷川の水源探し」の街歩きは終わる。

現地を歩いて過去を探す

24

「母と子の森」にある、小さな蛇行の先が渋谷川（隠田川）の最上流だ

21

流れは、急こう配になって玉川上水の四谷大木戸へつながる

20

新宿御苑に沿う川筋は、空掘りのようになっている

22

御苑内からも、下池の水口を確認する

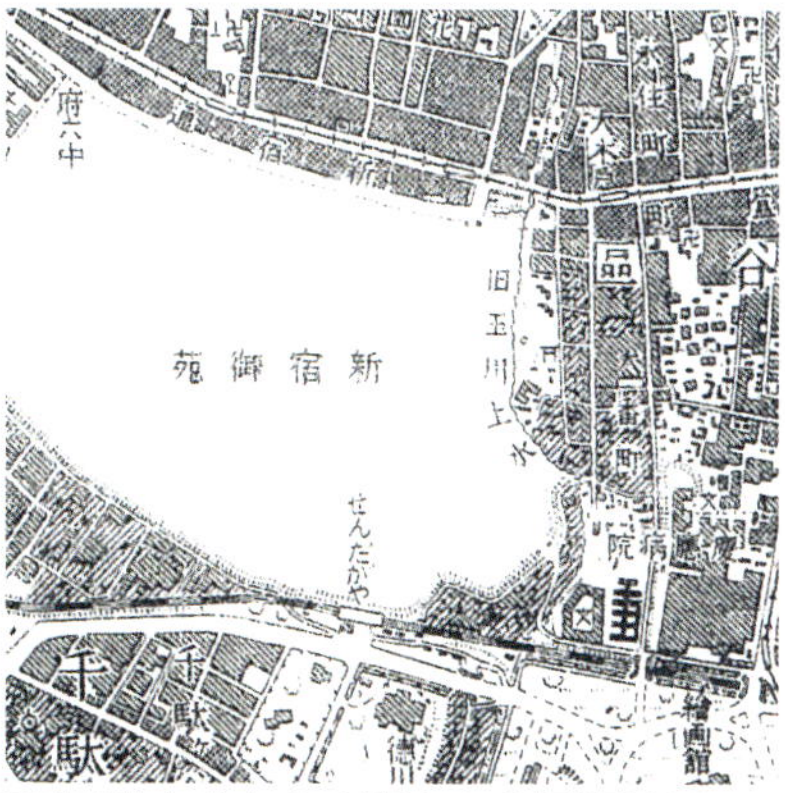

「旧玉川上水」と表記された旧版地図
国土地理院発行　1/25000 地形図『東京西部』

19

外苑通りを西へ跨ぐところには、橋の欄干跡やトンネル跡がある

23

御苑内の池をつないで上流の上池へ

24
上写真

25

江戸切絵図に描かれていた天龍寺の泉はもう無い

GOAL
新宿駅南口に到着

街歩き、野山歩きの準備と手順

「大井川の蛇行絶景ポイントを探す」「津山城下の街道をたどる」、そして「渋谷川（穏田川）の源流を訪ねる」といった、街歩き、野山歩きをするときの準備と手順を紹介しよう。

といっても、どうしても、以下の方法でなければならないということではない。各人が、経験を積み重ねたのちは、独自の方法で行えばいい。

①目的地を選定するための資料として、街歩き、野山歩きのガイドブックなどを手に入れる

目的地を選定するための資料としては、市販の旅行や街歩き・野山歩きのガイドブックのほか、各人の興味に近い行事や地域を紹介した雑誌や新聞切り抜きなども役立つだろう。もちろん、経験者や指導者の情報を利用するのもいい。

②収集した資料を参考にして、テーマと目的地を選定する

テーマは、あまり堅苦しく考えないでもいい。最初は、「街歩きしようかな」「古いものを見て歩こうかな」「坂を登ってみようかな」程度でいい。

「この街をなんとなく歩いてみたい」「ただ、楽しい発見をしたいだけで、テーマは無い」も、りっぱなテーマになる。

といっても、何も事例を用意しないのはいかにも不案内だから、参考になりそうなテーマをいくらか列記しておく。

川の源流をたどる、水辺の風景を訪ねる、門前町を散策する、田園の道に野の花を見つける、道祖神をめぐる、昭和の痕跡を探す、楽しい散策道を見つける、棚田の風景を見る、旧街道を歩く、鉄道跡を見つける、坂道を上り下りする、港町の小さな道を歩く、などなど限りなく考えられる。

そして目的地選定は、ここで取り上げた例を参照するといいだろう。選定を経験者の情報や市販のガイドブックにたよったとしても、個人の興味の方向には微妙な差があるから、紹介されているほど、結果に満足しないとしても当然である。

最初から百パーセントの成功を期待しないで、むしろ、当たりはずれを楽しみにする程度がいい。

③（テーマは無いであっても）目的地の地図を入手する

都市域では「一万分の一地形図」が使いやすいだろう。また、同地形図が整備されていない郊外地や、野山歩きの場合は、「二万五千分の一地形図」を使用する。目的がはっきりしている場合には、観光ポイントが紹介されている市販のガイドマップが有効に使えるが、空想を豊かにするために、必ず「地形図」も併せて用意するといい。「地図の入手方法」は、付録に記述した。

地図を購入したら、もしものために、あるいはメモの記入用にコピーを取っておくといい。場合によって、拡大コピーするといい。

④地図の上で、テーマが期待できそうな、散歩コースの概略を決める

ずぶの初心者は、コースの選定も経験者に従うか、ガイドマップを参考にするといいだろう。

ガイドマップによらない場合は、テーマが「古いものを見て歩こう」なら当たりをつけた旧街道沿いの街並みの、「坂を登ってみよう」なら等高線を横切る曲がりくねった道の、「楽しい発見をしたいだけ」なら気になった街の、それぞれの地図を眺めて選んでみる。

何度かの経験が、場所選定に生き、しだいに地図を見ただけで、「ここなら、趣のある街並みがありそうだ」という予想が立つようになるだ

ろう。

地図に主要な見どころなどをマークして、それらを経由するコース設定をする。ただし、街歩きでは、交通機関の発着場所さえ確認すれば、詳細なコース設定をしなくてもいい場合もある。

野山歩きでは、ちょっと慎重に計画する

最初は、すでに見知ったコース、あるいはガイドブックなどにある丘陵地を選定する。

なだらかな丘程度なら街歩きの半分のスピードにするなど、無理のない計画にする。ガイドブックにあるコースなら、掲載されたコースタイムを参考にして計画するといい。

しだいに馴れてきたら、自分のペースで決められるだろう。そのためにも、街歩き・野山歩き時には、使用する地図に到着した時間などの書き込みをする。そして、使用済み地図の保存を習慣にする。

そうすれば、情報の蓄積ができて、等高線の込みぐあいがこの程度なら、「〇〇メートルを△分で歩ける」が、容易に分かるようになるだろう。

一般に言うところの低山歩きや山歩きなどといった、上り下りが多いコースは、本書の対象にしないが、山歩きのコースタイムは、距離だけでなく、高低差、持ち物の量、季節、そして経験と体力に大きく左右されるから一層の注意が必要だ。

ルートまでの往復交通機関、コースのおよその距離と時間を計算する

始点まで、そして終点からの公共交通機関を調べる。分かる範囲で、交通機関のルートを地図にマークしておくと便利である。電車などの時刻は市販の時刻表で、ローカルバスの時刻もインターネットでなら調べられる。

「街歩きのランドマークになるもの」

写真２　住居表示の看板

写真３　銀行などの大きな建物

写真４　ポストに注意すれば小さな郵便局も見つけられる

交通機関が発達した街歩きなら、往復時間もラフな計画でいい。それでも、「一時間で現地に到着できる」「休日は、一時間に四本しか電車が動いていない」といった点ぐらいは把握する。そして、主要地点への到達タイムのおおよそを決めておく。

もちろん、複数の車を始終点に配置して行動する方法も考えられる。

ひたすら歩くだけなら、四キロを一時間（七十メートルを一分）が、標準的なスピードだが、これでは単なるウオーキングになって、面白くない。街歩きの場合には、四キロで昼食休憩を含まずに三、四時間といったところが目安だ。

コースタイムは、各人の普段の歩きのスピードに余裕をとって、「百メートルを五分と大休憩を入れて…」「上り下りのある野山歩きだから、もう少し余裕をとって…」のように決める。

交通機関が発達した街歩きでは、交通機関のルートや駅位置さえ把握しておけば、「この辺りをグルグルと三時間ほど歩いてみる」といった計画でも十分である。

地形図というもの

そして、いよいよ街歩きだ。

「渋谷川（穏田川）の源流を探す」の例のように、旧川筋と思われる場所を事前に地図にマークしたものを持参して、ルートに沿って進む街歩きは、都会では比較的容易である。

信号機の脇に付けられた交差点の名称、建物の角に張り付けられた住居表示のプレート、そしてビルや学校といったランドマーク（写真２～４）も多く存在するから、これらを頼りに進めば、誤りは少ない。いつでも歩行者にたずねられるのもいい。

自分の現在位置を明らかにし、計画したコースに戻る手はずさえ整え

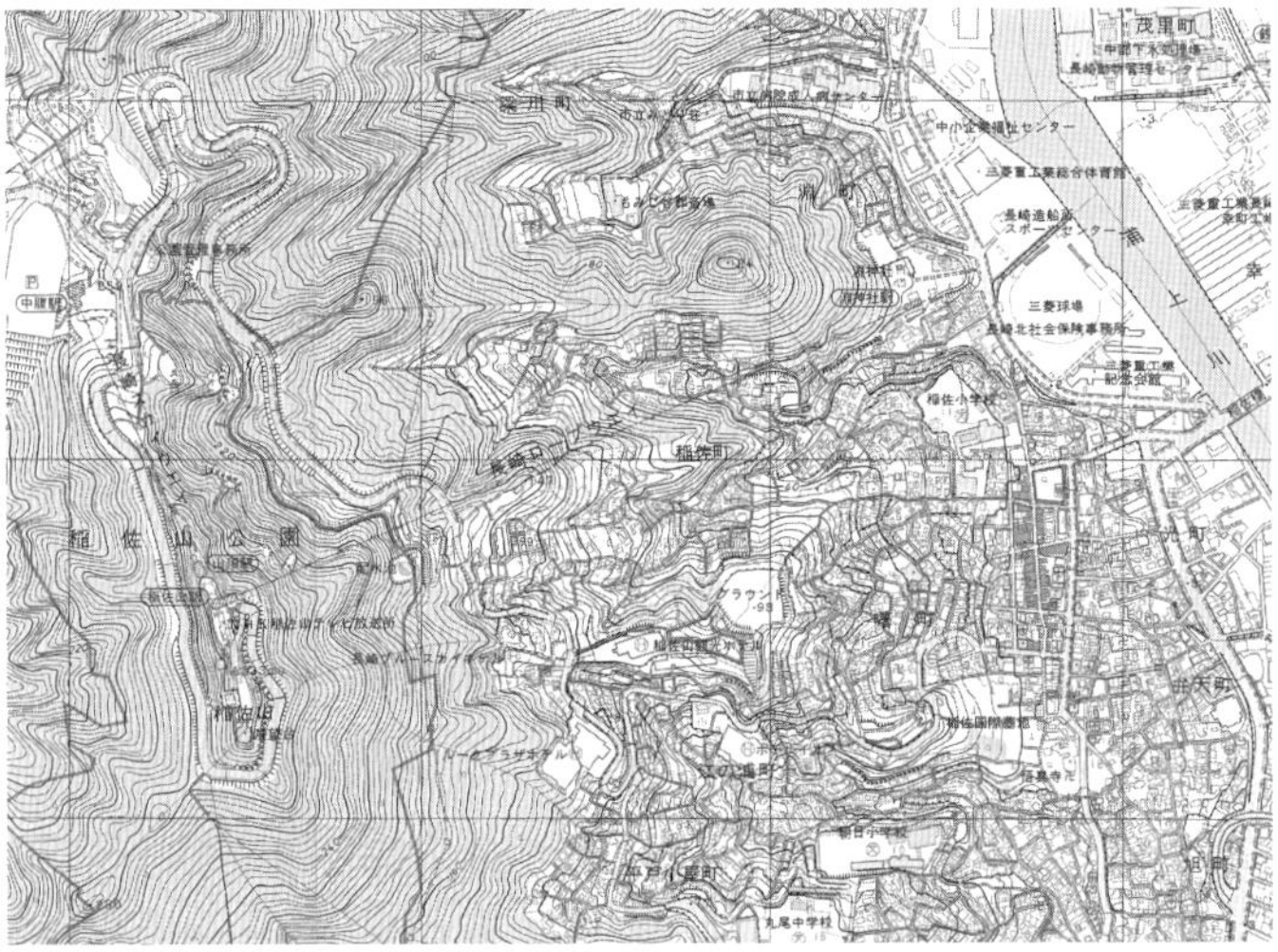

国土地理院発行　1/10000 地形図『長崎』（50％縮小）

図８　地形図

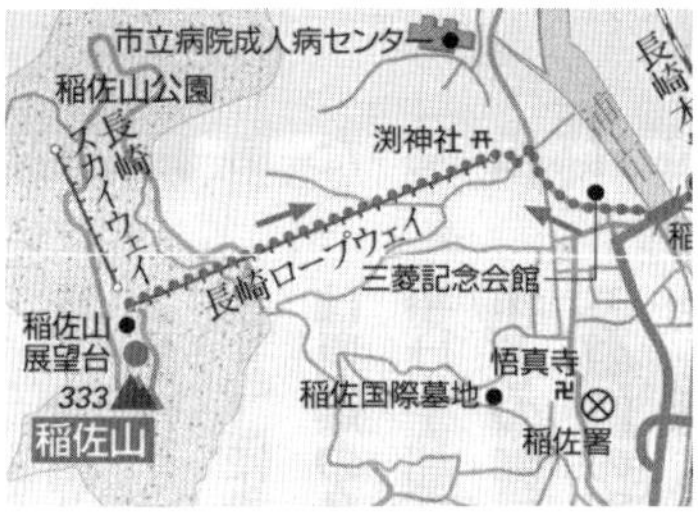

図７　民間地図会社の地図

ておけば、河川跡以外にも興味のあるものを見つけたら、いくらでも寄り道すればいい。

　このとき使用する地図とは「地表面のようすを、一定の決まりで、紙などに縮小して表現している」のだが、それでは一般に言われるところの「地図」（図7）と、「国土地理院の」と冠して称されることが多い「地形図」（図8）との違いは、どのようになっているのだろう。

　「地形図とは、高さも含めた地表面のようすを、（正確な位置や高さが明らかな地点である）三角点や水準点といった基準点に基づいて、統一的な基準で正確に表現したもの」と定義される。すなわち、「地形図は、三角点などに基づいて作成された、高さの情報を持った地図である」。従って、地形図にある、ほぼすべての情報は、地球上の位置（経度緯度など）と高さ（標高）と関連付けられている。例えば、「地図上の、○○小学校の位置は、経度何度何分、緯度何度何分、標高は何メートル」が、わかる仕組みになっている。「地形図は、位置情報のかたまり」なのだ。

　一方、ガイドマップなどの地図からは、地球上の正確な位置や標高が明らかにならない場合が多い。地図の四隅に、経度緯度などの記載もなく、標高数値や等高線が表現されていないからだ。

　日本の地形図は、そのほとんどを、国（国土地理院）または都道府県や市区町村などが航空測量会社に委託して作成している。

　民間地図会社は、原則として「地形図」を作っていない。彼らは、官の作成した地形図をもとに、編集して、「地図」を作っているのだ。

地図記号を知る、地図記号を読む

地図記号というもの

　繰り返しになるが、「地図は記号でできている」。従って、地図記号は、

図9　小物体記号

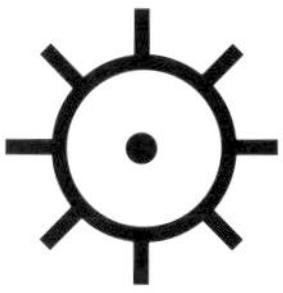

灯台

図10　植生記号

田

図11　交通に関する記号

道路

図12　地形に関する記号

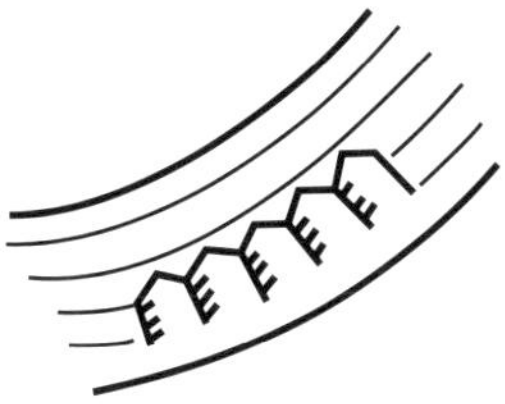

岩がけ

「地図読み人」にとって必要な知識となる。

といっても、以下に紹介する項目すべてが、「地図読み人」に必須とはならないが、地図読みを楽しくするためのきっかけとして、多くを知ることは有意義だから、少々の地図知識を紹介する。

さて、TV番組で地図記号クイズなどと称して出題されるのは、学校や警察署といった建物の用途を示す「建物記号」が主である。

地図記号の種類としては、ほかにも高塔や記念碑といった「小物体記号（図9）」、地表にある植物を表現する「植生記号（図10）」、「交通に関する記号（図11）」、そして「地形に関する記号（図12）」などがある。

その地図記号が、クイズの問題になるのは地図技術者としては恥ずべきことなのだ。建築物に表示された公衆トイレや非常口の記号のように、デザイン性が優れていれば、さらに使用頻度が高ければ、どの地図記号も周知の事実となり、クイズの材料として相応しくないはずだ。

しかし、一ミリたらずのごく小さい地図記号に、これを要求するのは酷かもしれないが、昔の地図記号には、デザイン性に優れたものも多く存在していたように思う。

デザイン性はさておき、もっともポピュラーな地図記号の一つである神社は、建物と一体になって表現され（図13）、記念碑や高塔といった小物体記号のように、記号単独では表現しない。

したがって、神社などの位置は、記号のある場所ではなく、記号が指示する建物の（中央）位置が「真（の）位置」であることは、意外と知られていない（ただし、一般市販の地図はこの決まりに従わない）。

類似の記号でも、ちょっとだけ注意が必要な場合がある。それは、湯気が揺れる温泉記号だ。

地図の決まり「図式」によると、温泉記号は学校や交番のような「建

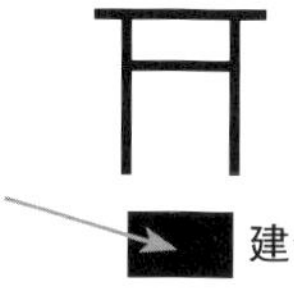

図13　神社

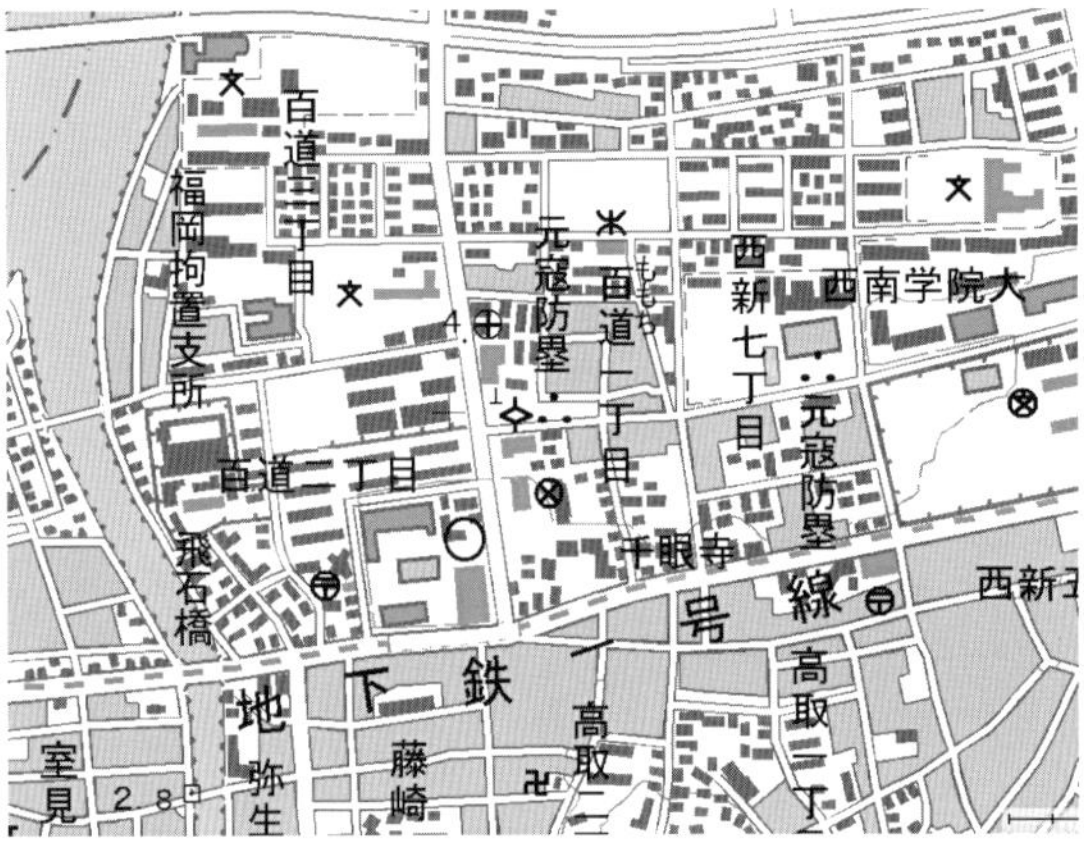

図15「地図閲覧サービス」の地図
1/25000 地形図「福岡西南部」

物記号」でも「小物体記号」でもなく、自衛隊やゴルフ場などのように特に区別すべき区域、「特定地区（の記号）」に位置づけられている。似たような地図記号には、火山の噴火口・噴気口がある。いずれも、噴気が噴き出しているところに記号を置く。

すなわち、温泉記号を記入する場所は、湯気が吹き出す櫓などがある泉源（井戸）が、原則の表示位置なのだ。

温泉旅館の建物があるところでも、露天風呂や温泉風呂のあるところでもないのだ。

そうなると、記号は温泉旅館の近くの時もあり、温泉街のはずれの水田の中という場合もあり、温泉旅館も露天風呂もない人里離れた沢の奥という場合もある。

ただし、これも一般市販の地図なら、この決まりに従わない。

再び、建物記号に話を戻そう。

市役所のようにその建物が大きければ、その中央に記号を表現するのだが、それ以外の場合は「図14」のように数字の優先順位に従って、建物の周辺に表現する決まりになっている。

これでは、地図が身近になるほどに、利用者から「記号がわかっても、記号が示す建物がどれだか、わからない?」と言われそうだ。

国土地理院が、「地図雑学クイズのネタになってしまう」と、憂えたわけでもないのだろうが、同院がインターネット上で公開している地図（図15）では、地図記号が示す建物を茶色に着色して分かりやすくした。

これで、建物記号の「真（の）位置」がわかりやすくなった。

では、高塔などの小物体記号の「真（の）位置」はどこにあるのだろう。「え！　これも記号の中心ではないの」とすぐにいわれそうだが、それほど単純ではない。小物体記号を表現方法から分類すると、平面形の記

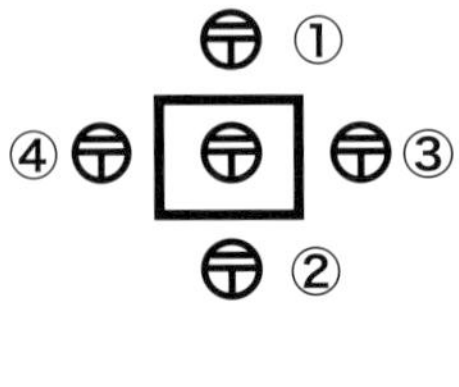

図14　建物の中心→①→②→③→④の順で地図記号を配置する

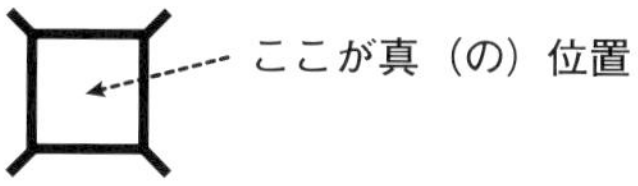

図16　平面図形の記号「高塔」

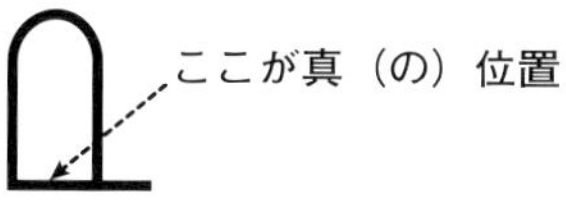

図17　側面図形の記号「記念碑」

号と、側面形の記号に分けられる。例えば、「灯台」や東京タワーなどを表現する「高塔」は真上から見た平面形の記号（図16）、「記念碑」は側面形の記号（図17）となる。各記号の真位置は矢印で示したとおりである。前記の、温泉や噴火口・噴気口の記号も側面記号として扱う。

灯台、高塔などの平面形の記号ならその中心（ちなみに、同じ平面形の道路、鉄道、送電線などの線状図形の真位置は、中心線）、煙突、記念碑などの側面形の記号なら影の部分を除いた下辺の中央である。

「影の部分?」ちょっと気になるが、それはさておいて、「ふーん、そんな細かなことを決めてどうなるの」と、読者は疑問視するだろうが、それが地形図らしい一面なのだ。

このように、地図に表現されているすべての情報は、地球上の位置と関連付けられていて（「○○神社は、経度△度△分△秒、緯度△度△分△秒にある」のように表現できる）、「地図は位置情報の塊」そのものなのだ。

そのとき、二万五千分の一地図なら図上の一ミリは、地球上の一秒（日本付近では地上で三十メートル）にもなるから、地図の作り手は一ミリたりともおろそかにできないのだ。そこで、地図記号のへそ（真位置）まで、決められている。

ただし、現在の編集された紙地図では、最大1・2ミリまでの転位が認められている。現在国土地理院では、この矛盾を取り除いた無編集の地図作成をすすめている。

地図の決まりである「（二万五千分の一地形図）図式」には、以上のような事柄を含めて、地表にある情報のうち、どれほどのものを表現し、表現しないか、情報をどの記号で表現するか、その記号の大きさは、色は、線の太さはいくらかなどが細かく規定されている。

光を感じる地図記号

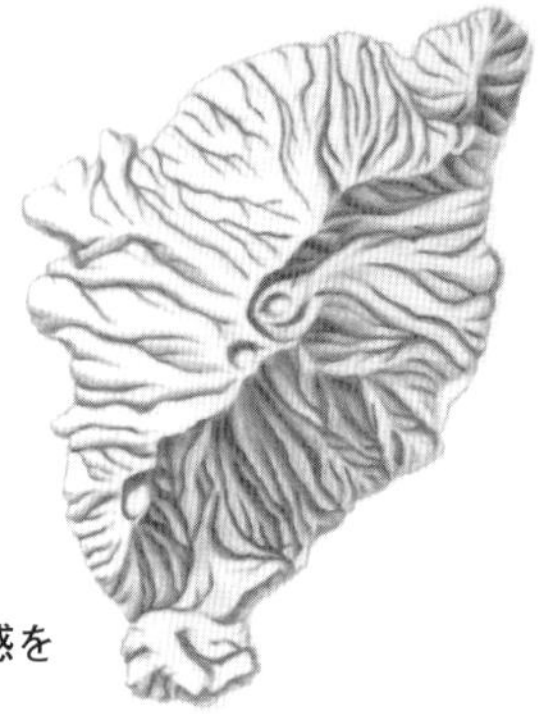

図21　地形に立体感を与えるぼかし

図22　左上に光源をおいたときの建物（右）と右下に光源をおいたときの建物では、立体感が異なる

影のある地図記号

図18　煙突

図20　針葉樹林（過去）

図19　針葉樹林（現在）

風に揺れる地図記号

先ほど触れたように、記念碑の地図記号には、影の部分がある。

それは、記念碑だけではない。煙突（図18）や針葉樹林（図19）といった側面形地図記号の底面には、小さく横に伸びた線があって、影を表現したものなのだ。過去の地図記号には、樹林本体にも陰影があり（図20）、右に延びる点影には次第に消えゆくようなようすも見える。

「影があるということは、光源があるの？」という疑問が湧くだろう。一般の地図も含めて、地図の左上四五度には光源があるとして、その光によって影ができるのだ。地図に立体感を与える「ぼかし」（図21）や建物の影（図22の右）などは、すべて北西の位置にある（仮想の）光源をもとに陰影を描いている。

それは、市販ガイドマップなどでの建物表現で、ある方向の線を太くして立体感を与えるしぐさと同じだ。

生活感覚での南の太陽とは逆のようだが、この方が座りがよい。そして何よりも、普段前方に光を置いて物を見る習慣にならされている私たちの眼は、光源を南西にすると立体感が逆転するから不思議だ。

地図の世界に光があるなら風もあるだろう？　それに、季節だってあるかもしれない。

下の「図23〜25」のように、温泉の湯気は微妙な揺れがあるが、風に流れる煙、たなびく旗などは、すべて左（西）からの風を受けている。地図には西風が吹いている。

地図における西北の光や西からの風も、人の視覚や統一性を重視した結果である。そして、河川や湖の水際線（地図の用語では「水涯線」という）は平水位で表現し、「万年雪」は、最も狭い範囲になる九月初めの状態で表現するなど、地図の一部には季節感もある（詳細は、拙書『地図に訊け！（ちくま新書）』を参照）。

風に揺れる地図記号

図25　自衛隊

図24　温泉

図23　火山

以上の知識を得ても、街歩き、野山歩きに直接は役立たないが、地図に親しみを持つ切り口にはなるだろう。

三角点や水準点を探す楽しみ

「地図読み人」になるための知識もだいぶ備わってきたところで、測量士になったつもりで三角点探しに挑戦してみよう。三角点探しをマスターすれば、街歩き、野山歩きのアクセントになるだろう。

その前に、三角点とはどのようなものだろうか。

地図を見ていると、主要な山の頂上などに△の印がみつかるだろう。

しかし、地図帳などで見つかる△や▲（火山であることが多い）は、山

豆知識 5

パイナップルは野菜か、くだものか

西瓜は、イチゴは、トマトは、野菜だろうか、果物だろうか。

市場では、おかずになるのが野菜、おやつにするものをくだものとして、区分するそうだ。だから、パイナップルとメロンと西瓜は、市場の区分ではくだものである。

地図記号の中では、どうなるのだろうか。

西瓜やイチゴの畑は、キャベツやダイコンなどと、おなじように、「畑」の地図記号で表示する。ところが、二千五百分の一といった大きな縮尺の地図だけのことだが、パイナップル畑だけは、畑の地図記号の中に、小さな○がついた記号で表示する。リンゴやブドウのような「果樹（園）」の地図記号でもない。パイナップル畑（サトウキビ畑も）だけが、区分されている理由は、多年生で収穫を繰り返すことのほかに、沖縄の本土復帰（一九七二年当時、地図にも地域特性を生かそうという配慮が働いた）が、大きな要因になっている。

メロンや西瓜が、「私たちの地図記号もきめてほしい」といっているような気がする。

パイナップル畑（大縮尺図のみの記号）

畑

果樹園

サトウキビ畑（大縮尺図のみの記号）

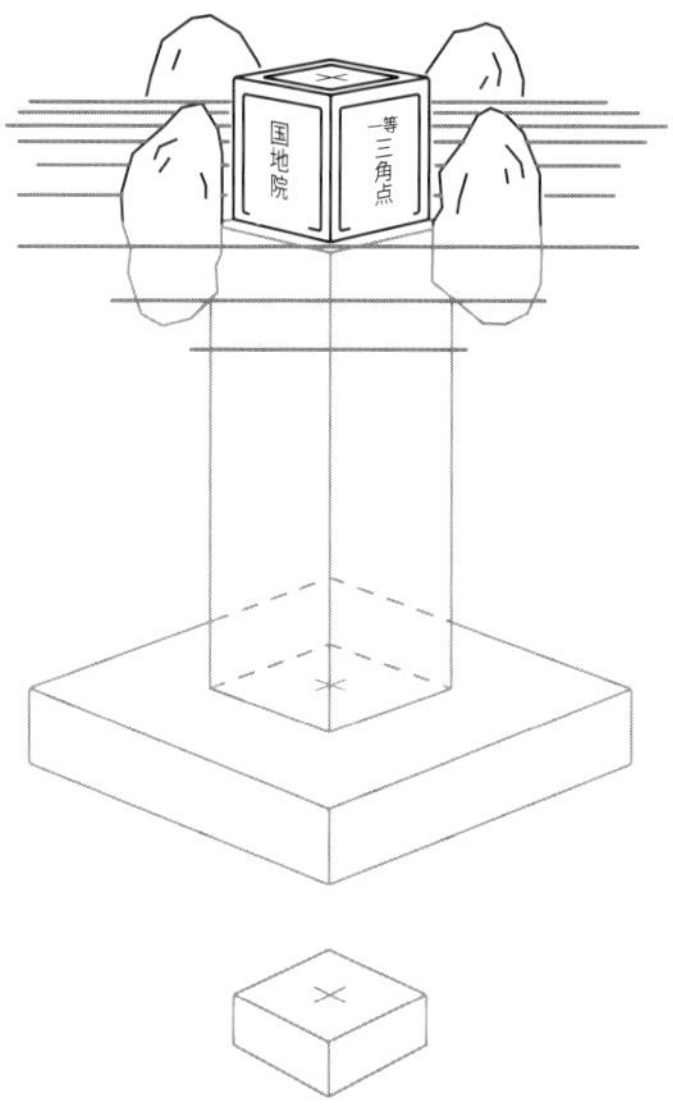

図26　三角点の構造

頂を表しているが、地形図にある△は、三角点の存在を示していて、それは必ずしも山頂とは限らないし、平地にもある。

　三角点は、地球上の位置と高さが正確に測量された地点で、そこには、「図26」のような構造の花崗岩製の柱状の石が埋められている。三角点標石の上面に刻まれた十字の中心が、正しい位置を示していて、ここを基準にして細部の測量を行い地図が作られ、土木工事などが行われる。国土地理院の三角点は、全国に約十万点も設置されている。


　その三角点は、おおむね「選点」、「造標（観測櫓を築く）」、「埋石（標石を埋める）」、「観測」といった手順で測量が行われる。

　最初に行うのは、どの山のどの地点に三角点を設置すべきかを決める「選点」という作業である。地図が未整備な時代の一等三角点を設置するための選点測量は、徳川時代の国絵図などを参考にし、現地の猟師などを案内人にして、進めるしか方法がなかった。

　大正十一年の雑誌「武侠世界」には、日本アルプスの登攀《はん》記録とともに陸地測量部員の遭難記録が幾つか掲載されており、大正六年の知床半島「測量技師等十名が海別山の大遭難」には、「九月二九日の猛烈な暴風雨で雨漏りの後、天幕を飛ばされ気温の低下が測量手らを襲い、三日間天候の回復がなく、飢えと寒さのため死を覚悟して信号用の旗を立て、これまでの測量結果である『手簿』と一同の遺書を測旗に包み竿に結びつけた。幸い数日後の十月四日には、天候が回復し九死に一生を得た」とある。

　当時は登山技術や装備が未熟な時代であったから、無名の測量技術者たちの言葉にできないほどの苦労を積み重ねて測量が行われ、日本各地の三角点は設置された。

　その、初期の一等三角点では、使用する測量標石を各地方で準備して利用してきたが、明治後期になると標石の規格と品質の統一が図られた。

写真５　電子基準点
電子基準点（GPS 衛星からの電波を受信して位置を知る、ハイテク三角点といったもの）

そのとき選定されたのが、小豆島産の花崗岩であった。以後、現在に至るまで、国土地理院の三角点・水準点標石の大半は一貫して小豆島産のものが使用されている。それは、陸地測量部の測量が行われた樺太や朝鮮、台湾にまで及んでいる。

一等三角点と聞くと非常に高い山にあると考えがちだが、そう極端ではない。

三角点は、各等級に応じた密度で、隣接した三角点が見通せて、保存性のいい場所を選んで設置される。富士山のような独立峰では、四十キロほどはなれた隣接地点に高い山もなく、そうかといって隣接した平地の三角点との相互見通しもよくないので、ここは一等三角点の設置には適していない。

また、日本にはそれほど多くの高山もないから、一等三角点が設置された山の標高は、二千メートル以上が三四点、千メートル以上は一二二点、千メートル未満は七一〇点となっている。

それから、等級によって三角点の等級のことだが、絶対精度は等級に関係なくほぼ同じであって、隣接する三角点間の距離が異なる。すなわち、等級が低くなるほど三角点を結んだ網の日が小さくなるのだ。一等では、隣接三角点までの距離が四十キロほどだが、四等になると一・五キロになる。測量標石の大きさも、次第に小さいものが使用される。

こうした知識を持って、三角点を探してみよう（三角点探しの様子は51頁、74頁〜75頁に紹介）。

地図の中には、等級に係わりなく、同じ大きさの三角形の記号で示されている（図27）。さらに詳細な情報を得るための資料として、「配点図」と「三角点　点の記」（75頁図参照）が用意されている。

地形図の区画単位に整理された「配点図」からは、三角点の等級と名称（山の名称とは異なる）がわかる。

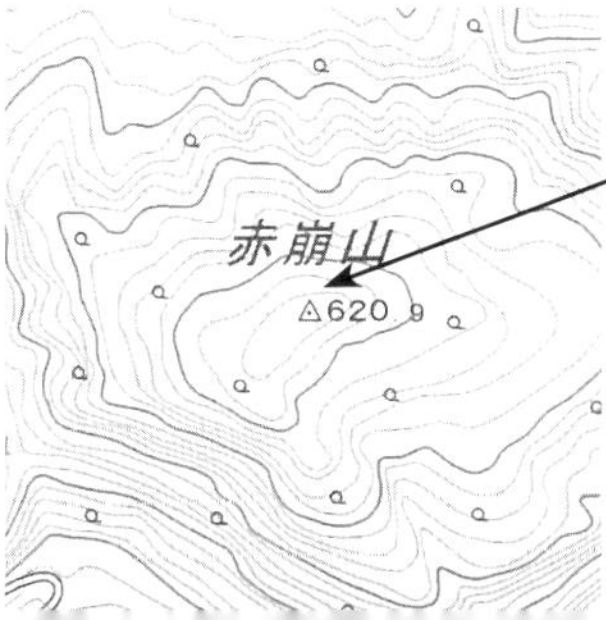

図 27　地形図の中の三角点

国土地理院発行　1/25000 地形図『七ツ森』

個々の三角点ごとに整理された「三角点　点の記」は、標石の詳細などのほか、設置場所の住所と案内図などで構成されている。

いずれも、国土地理院とその出先で入手が可能であり、国土地理院のホームページで閲覧できる。

地図などを持参して野歩きをしながら三角点標石を探してみるのも楽しいだろう。特に、平野部の場合は、地図だけで探すのは難しいから、「点の記」を用意するといい。


国土地理院の三角点標石には、「(一等)三角点」「国地院」(国土地理院の略称)「基本」などの刻みがある。

上面の「十字」は当然として、「基本」は東、「国地院」は西、そして「三角点」と刻まれた面が南になるように設置する決まりになっているから、方角が不明になったときに頼りになるはずだ。ところが、決まりどおりに埋められていない三角点もままあるから、逆にコンパスで確認してみるのも面白い(75頁参照)。

また、平地などでは、車除けなどの目的で周囲に配置された四個の「防衝石」があり、目視はできないが、地中深くには、もしものための「盤石」や「下方盤石」という石も埋められている。ただし、高山地では「防衝石」は無く、「下方盤石」も埋められていない例がある。

そして、前述のように初期の三角点標石には、規格の統一が無かったから、石質、刻み、大きさ、文字刻みなどを注意して見ると意外な発見があるかもしれない。

地図を広げて三角点を探す part1

三角点（三等三角点「小山」）

それでは、三角点探しを始めよう。地図は、茨城県つくば市小山にある三等三角点『小山』、そして、岩手県岩手郡滝沢村にある三等三角点「丸谷地」、同三等三角点『燧堀山（かとほりやま）』だ。後者では、三角点の名称が山の名称と異なるが、これはごく普通のことである。その理由は、三角点の設置が地図作成のための詳細な地名調査以前に行われるからだ。

さて、前者は畑の中だから、土地の所有者に聞けば、あるいは案内図だけでも発見できるだろう。

後者の二点はどうだろう。特徴的な山なら、山頂を間違わなければ、そして「燧堀山」のように頂が狭ければ、比較的発見しやすいと思われる。ただし、山間部では現地で人に尋ねられないから、そして測量への使用頻度の低い深山では、樹林が生い茂っている可能性も十分考えられるから、その点で発見が難しい。無名の山も多いから、遭難しないような注意が必要だ。

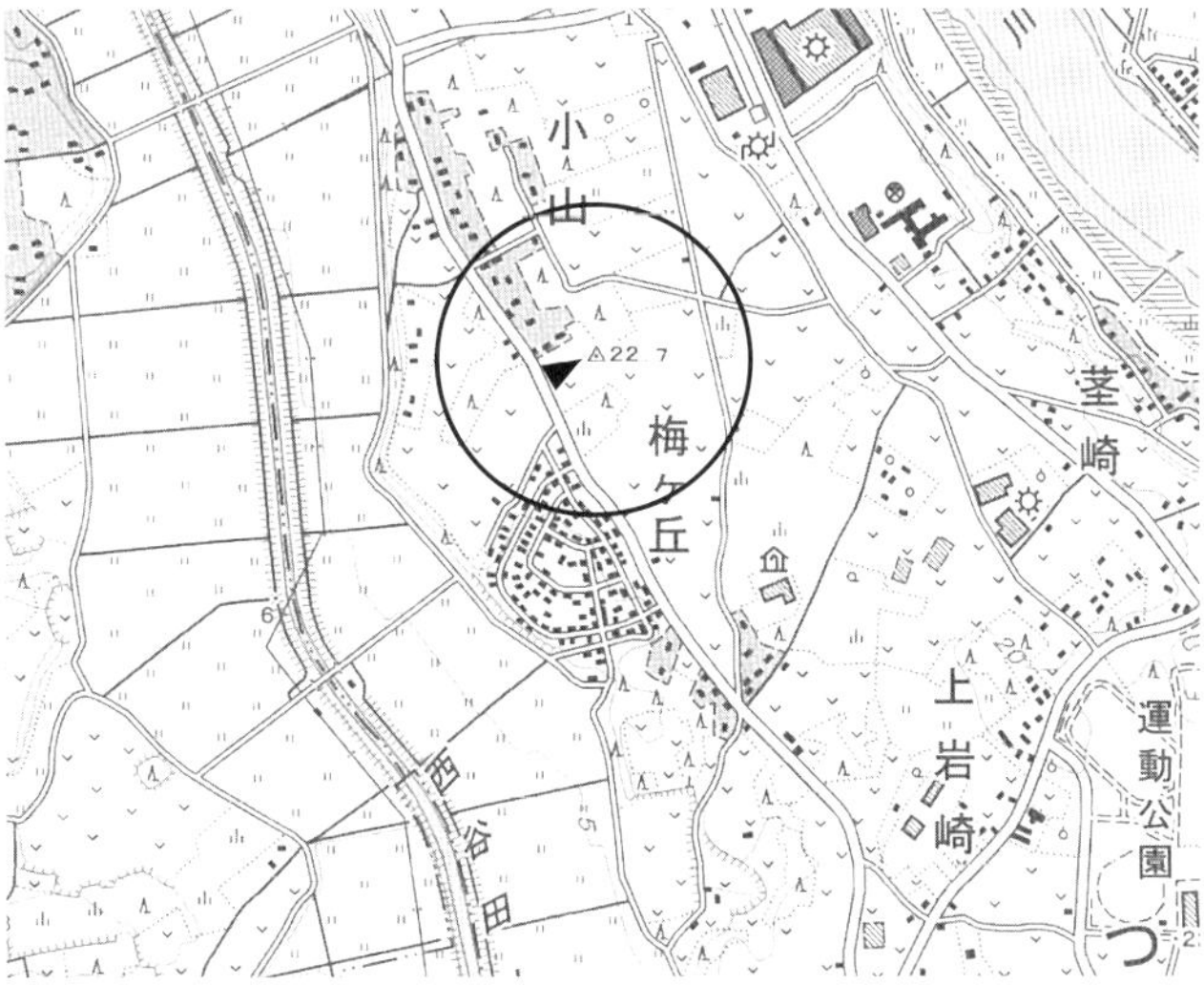

三等三角点「小山」付近　国土地理院発行　1/25000 地形図『藤代』

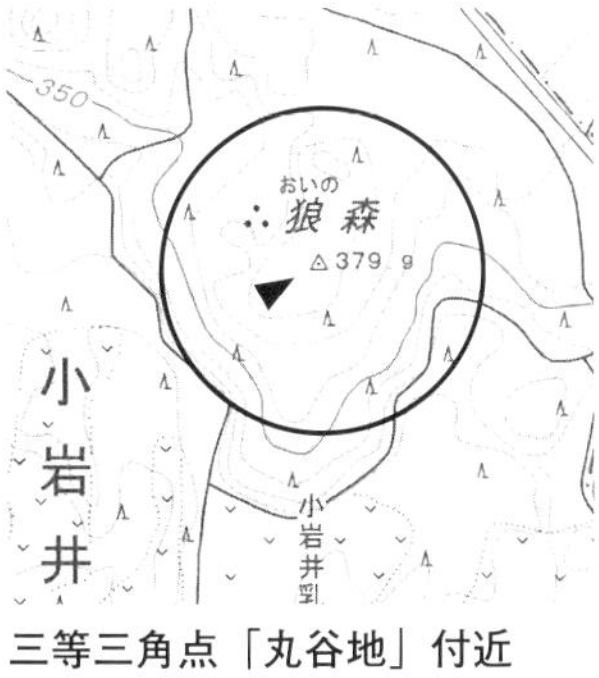

三等三角点「赤崩」付近　三等三角点「丸谷地」付近

国土地理院発行　1/25000 地形図『姥屋敷』（2点とも）

写真７　御料局三角点（栃木県佐野市唐沢山／上西勝也氏撮影）

写真６　内務省地理局三角点（広島市中区、江波皿公園）

昔の三角点を探す

国土地理院の三角点のほかには、明治初期に陸地測量部以外のお役所が、お雇い外国人の指導を受けて設置した三角点もあるから、小さな標石に関心をもって野山歩きをすると楽しみが増えるだろう。

・工部省は、一八七二（明治五）年以降に東京府内で測量を実施した。標石は発見されていない。

・内務省は、一八七四（明治七）年以降に南関東から近畿までの間と主要都市で測量を実施した。角錐台形などの標石には、上面に対角線「×」を刻み、側面には「内務省」「内務省地理局」などの刻みがあり、ごく少数ではあるが各地で発見されている（写真６）。

・御料局は、一八九四（明治二七）年以降に所管の御料地で測量を実施した。柱状の標石には、上面に「×」の刻み、側面には「御料局三角点」「御料局」「宮」などの刻みがあり、各地の旧御料地に現存している（写真７）。

・山林局は、一八九八（明治三一）年以降に国有林野地域で測量を実施した。柱状の標石には、上面に「十字」刻み、側面には「山」「主三角点」などの刻みがあり、各地の林野地域に現存している。

・その他に、明治期以降に各地方自治体などが測量を実施した標石が、少数ながら発見されている。標石には、「県名」「市町村名」「大三角点」などと刻まれている。

そして、水準点も探す

一般には、三角点に比べて水準点のことはあまり知られていない。

三角点は、主に緯度経度といった正確な位置を求めた基準点だが、一方の水準点は高さの基準点であって、地図と測量にとって、いずれも重要性に変わりはない。

写真８　標石の水準点（一等水準点「No11231」）

写真９　金属標の水準点（一等水準点「No15-04」）

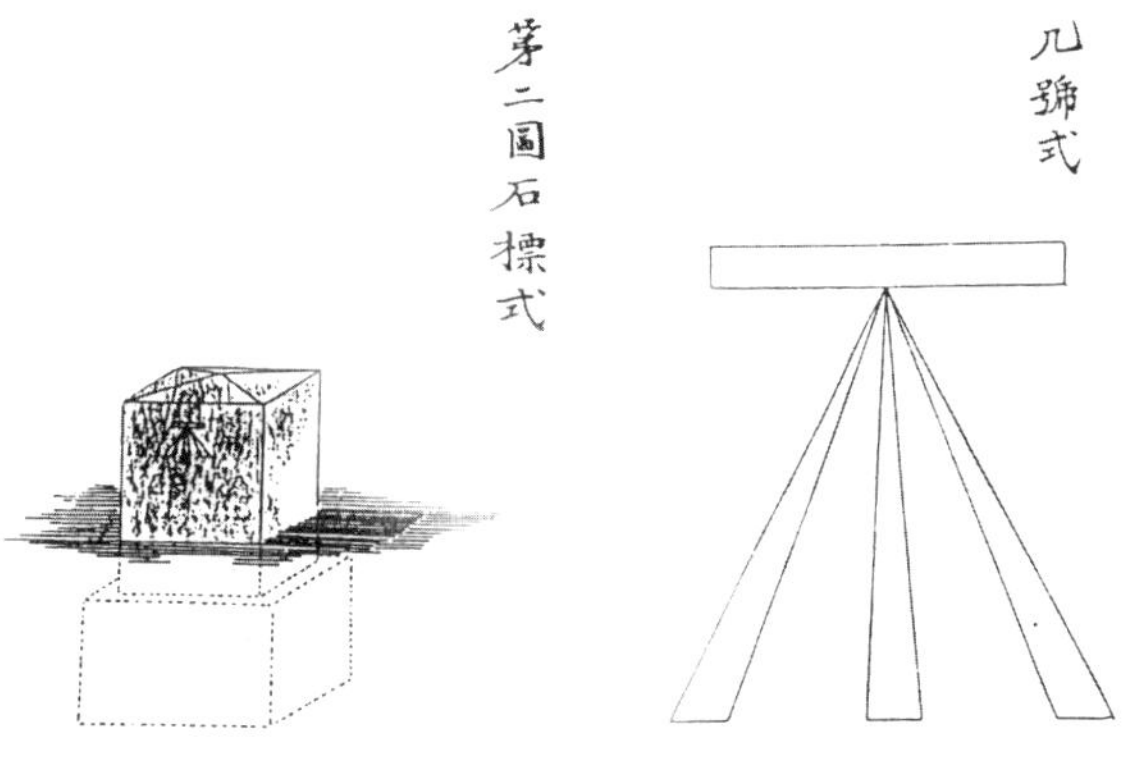

図29　几号水準点の規格

図28　地形図の中の
水準点「No11231」

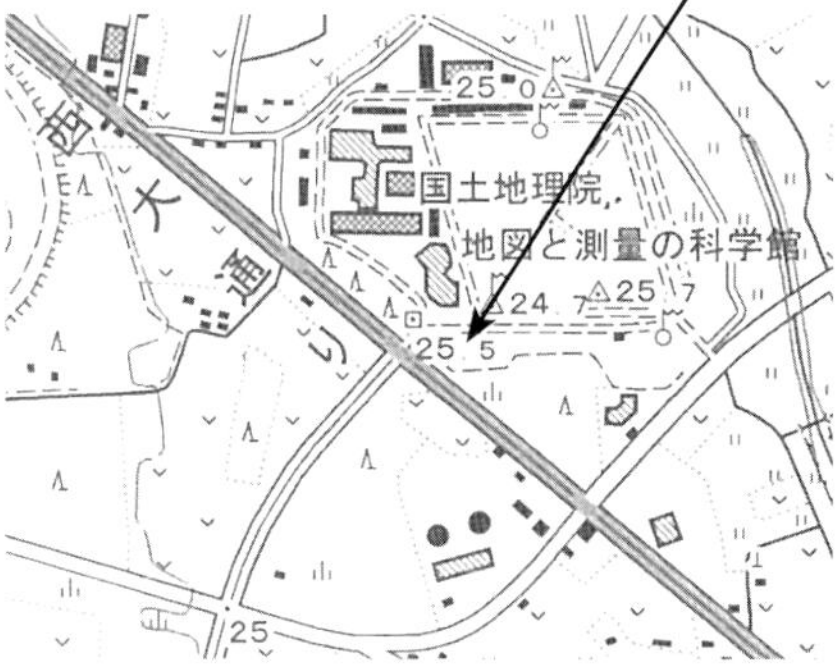

国土地理院発行　1/25000 地形図『上郷』

水準点は全国の旧一級国道筋に、ほぼ二キロ間隔で設置され約二万点ある。やはり小豆島産の花崗岩標石には、頂に「へそ」のような凸部があるのが特徴である（写真8）。ほかに球分形の金属製もある（写真9）。設置位置は、地図の中に⊡の記号で示されている（図28）。詳細な位置情報は、三角点と同様に、「配点図」と「水準点　点の記」と呼ばれる案内図が、国土地理院とその出先で入手が可能であり、国土地理院のホームページで閲覧できる。

水準点の場合は、交通が頻繁な平地部にあり、地図だけでは発見が難しいから「点の記」を用意するといい。

水準点にも、明治期などに内務省やその他の機関によって設置され、現在は使用されていない「几号水準点」と呼ばれるものがある。同水準点標石は、その側面あるいは上面、あるいは保存性の高い不朽物として利用した燈籠や鳥居などの下部に、「不」字形の刻みがあるのが特徴だ（図29・写真10）。

内務省が設置した東京（旧府内）、横浜、大阪、そして東京・塩竈間などの几号水準点がよく知られている。その他、河川工事などの関連で設置したと思われる、埼玉県荒川・利根川、神奈川県酒匂川、石川県手取川周辺でも発見されている。

東京府内の几号水準点については、著者のホームページ（アドレスは104頁に紹介）の「家族でめぐる地図測量史跡」に所在情報がある。

少し横道にそれるが、紙地図の余白からも「三角点」を探してみよう。書店で購入した地図を、照明にかざしてみると、地図の欄外に三角形の「透かし」が、最低二個は見つかるはずだ。

過去に地図用紙は、お札と同質のものが使用され、その品質を示すため、あるいは偽造防止のために△印の透かしを入れたのだという。現在は、耐久性などにすぐれた独自の地図用紙に変更されたが、「透かし」は、

写真10　几号水準点（東京都台東区鳥越神社鳥居）

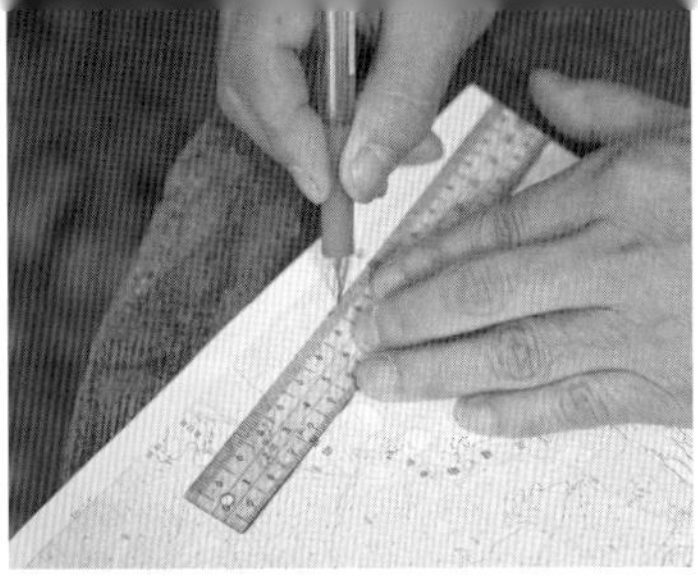

地図にコンパスが示す北方向、磁（石）北の線をあらかじめ引いておいてから使うと正確な北を知ることができる

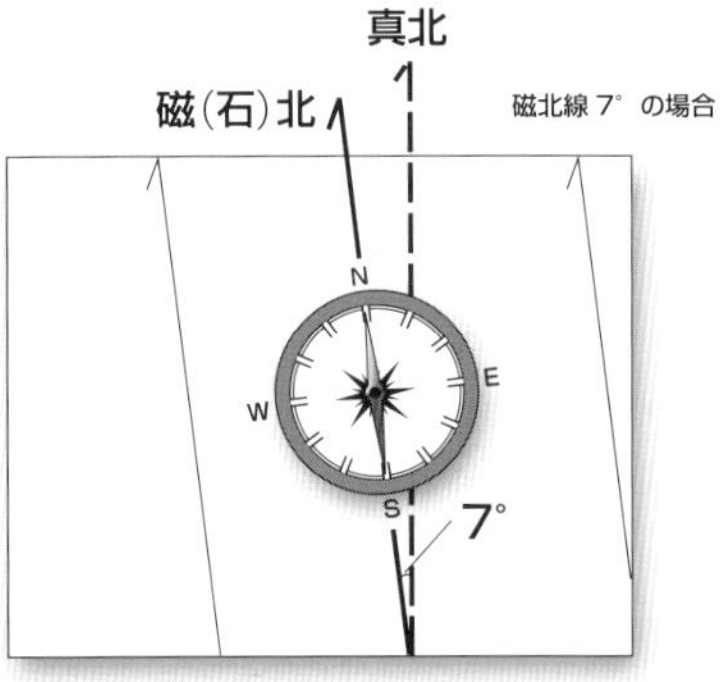

図30　真北と磁（石）北の関係。コンパスで求めた磁北を、地図に引いた方向線と一致させて使う

そのまま引き継がれている。

地図を読むコツ

コンパスを使って北を知る

さーて、いよいよコンパスを使おう。といっても、前にも触れたが、街中で地図を広げコンパスを使って街歩きをしている人を見かけないように、市街地では方向を探るためのランドマークが多数存在するから、ある意味で「北はどっちかな?」などと考えなくてもいい。

かなり見知った場所で、正しい「頭脳の地図」が用意されていれば、紙地図さえも広げなくていいが、それはそれとして地図と対照し、「『鉄道がこちらを走っているから』、そして『○○銀行が右にあるから』、現在地はこの辺りで、左手に進むと目的地に着く」、などのように地図の整置ができれば、コンパスは必要としない。

一方で、ランドマークとなるべき建物や構造物が少ない野山歩きでは、北（南）の方向をさえ知ることができれば、地上の風景と地図の向きを容易に一致させられる。その結果を踏まえて、周囲の目標物を元に、現在地が明らかになり、進行方向などの目的地の方向が分かり、遠くに見える山の名称などを地図から知ることもできる。

ということで、北（南）の方向を知るために、コンパスを使う。

「地図の上は（厳密には）北ではない?」で説明したように、コンパスの示す北は、ほんとうの北よりも、ちょっとだけ西を向く。その度数は地域によって異なり、その数値は地図の周りに「西偏○度○分」のように書いてある。

地図には偏角の数値だけ記載されていて、角度が視覚的に示されていないから、コンパスを使って正確な真北を求めたい場合には、地図を購

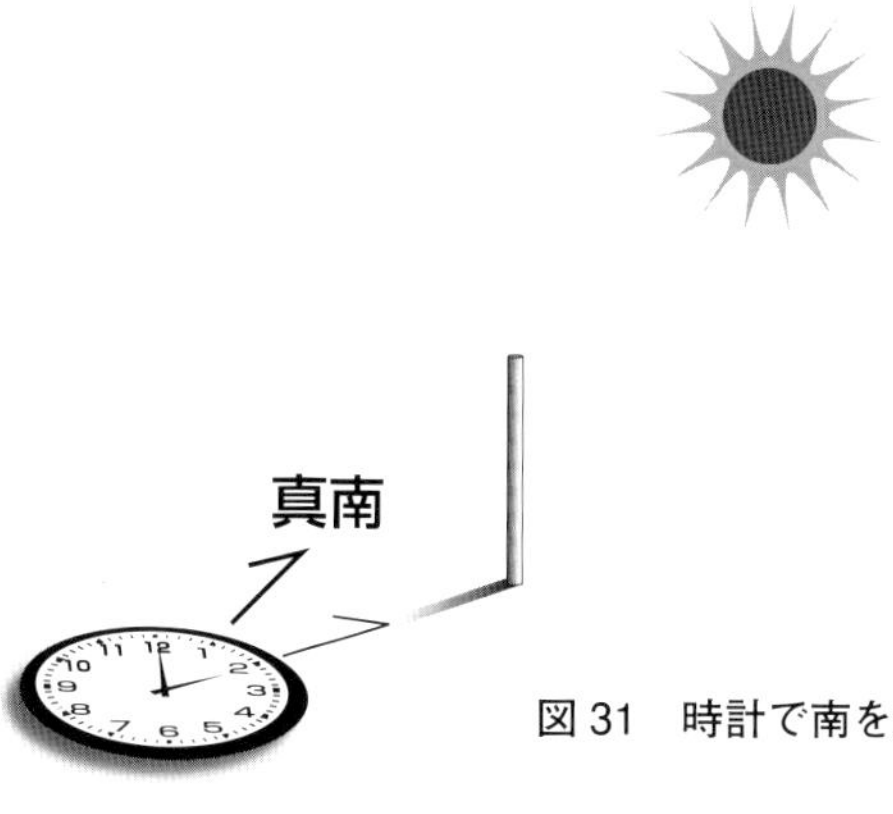

図31　時計で南を知る方法

入したらすぐに、分度器を使用して、地図の数か所に上下の線に対して「西偏○度○分」に応じた、左に傾いた線を引いておくと便利である。

現地では、平らな場所に地図を置き、磁針偏差の分だけ傾けて引いた線と、コンパスの南北方向を一致させれば、地上（風景）と地図が正確に一致（整置）したことになる（図30）。

もちろん、それほど正確性を求めなくてもいい場合には、地図の縦の線とコンパスを一致させるだけでもいい。

ただし、「たった、六度から一〇度のことだから」といっても、油断してはいけない。そのまま長い距離を進めば、大きな距離の差になるから、ポイントごとにコンパスを使う。

時計を使って北を知る

晴天の日なら、時計をコンパス代わりに使って地図を整置できる。ごく普通に使っている一二時間時計を、二四時間時計として使う。例えば、正午に太陽方向と時計の一二時方向を合わせて机上に置けば、一四時には、時計の一時方向に太陽が移動するはずだ。

従って、「図31」のように太陽の方向にそのときの時計の短い針を合わせると、短い針の示す方向と一二時との中間方向が、「真南」になる。

この真南方向に地図の縦線を一致（整置）させて使うのだが、時計の針と太陽の方向を合わせるときに、細い棒の影などを使用して慎重に合わせない限り、コンパスほど正確には南北方向は求められない。

自分のいる位置を知る

さて、南北方向がわかって、地図の整置ができたら、進むべき方向などが明らかになって、次の行動に移ることが可能になるのだが、それは地図上での現在地がわかっているという前提があってのことである。

現在地がわからない場合は、どうするか。

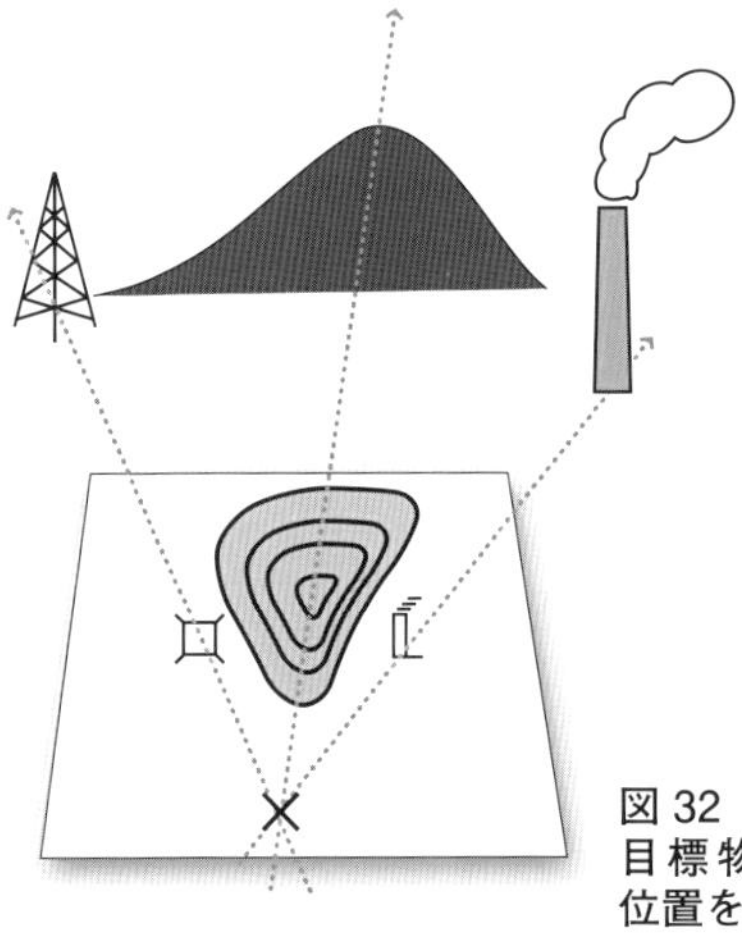

図32　周囲に見える目標物から、自分の位置を知る

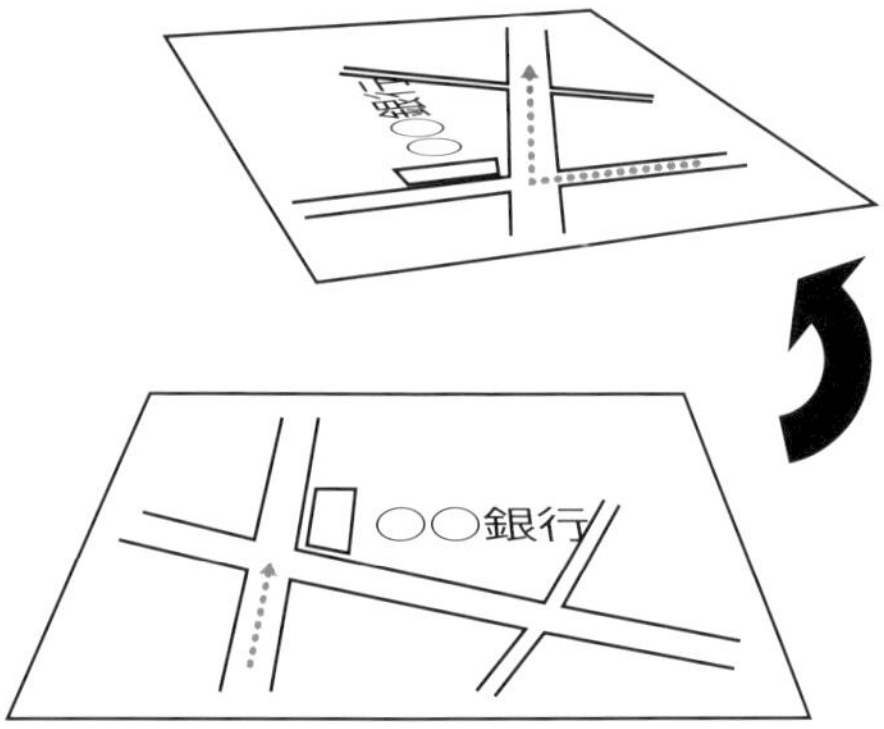

図33　ランドマークをもとに、地図を回転して整置させる

周囲に見える目標物と、それが描かれた地図から、現在地を知る。まず、現在地から良く見えている三つの目標物をさがし、その目標物の地図上の位置を見つける。次に地上の目標物の方向と地図上の目標物方向を一致させて、直線で結ぶ。

三方向に引かれた直線の交点（しっかりと交差しない場合が多い）が現在地というわけ（図32）。

といっても、地上の目標物と地図上の目標物方向を一致させるには、かなりの熟練を要する。ベンチなどの平らな場所に地図を広げ、書籍の縁などを使用すると比較的簡単にできるはずだが、一般的にはどうだろうか。

この方法にしても、各方向線が一点で交差するとは限らないから、細かなところは周囲の地形や地物（山や川、道路、建物など）と地図上の表示との対比で決定する。

さて、何度も言うように、街中でコンパスを使用する人は見かけないし、以上のような整置方法を街中でする人もいない。そうしなくてもいい理由は、容易に整置できるランドマークが身近に多くあるからだ。

例えば、名称の分かっている大きな通りや信号機の横に交差点名称の表示があれば、それらの情報が記入された市販ガイドマップを使用した地点対比は容易だ。

官製の地図では交差点名称の記入はないから、大きな通りに出て通りの名称を確かめて、あるいは公共施設の近くの地点で、「現在地は、○○通りの○丁目の交差点だ」あるいは、「○○町市民運動場の前だ」のようにして、自分の位置を地図と一致させる。

あとは、周囲を見渡して「右手に学校があって、左手に大使館があるから」、あるいは「○○銀行が右にあり、その反対側に神社があるから」

などの情報をもとに、地図を回転させて地上と地図の方向を一致（整置）させればいい（図33）。

手順は異なるが、結果として、先ほどの三方向の目標物をもとに整置した方法と同じである。

これで、「現在地は○○交差点であって、左手に進むと目的地のJR線の駅に着く」、などのように、正しく行動できるはずだ。

街中で迷う原因は、恥ずかしさで地図を広げなかったり、しっかり整置しないまま行動することが主な理由となる。頭脳の地図（頭脳に蓄積された位置の情報）を利用する場合も、ほぼ同じだ。頭脳の地図と現地との整置をあいまいにしたまま進むことが、迷いの原因になるのだ。

地図に訊こう

残念だが、地図が読めないという人の多くは、自分が地図のどこにいるのかがわからない。すなわち、地図と現地にある情報とのひもづけがうまくできないのだと思う。

さらに、平面に表現した紙地図から立体形が浮かばないのが原因で「地図が読めない」と言っている人も多いのだと思う。

後者は、建物などの構造物の高さに関連する情報は、中低層構造物のほか、鉄道や道路の高架部、高塔、送電線などの表現があるもの、通常の地図に高さの程度を示す情報がないに等しいから、立体形が浮かばなくてもしかたない。

それでも、地形については等高線が用意されているから、立体形を予想する手段は残っている。

前者の、地図を読みたいのだが「地図と現地にある情報とのひもづけがうまくできない」という問題を解決するには、①地図の縮尺についてのおおよその感じと、②地図における誇張や省略がどの程度なのかの二

地図との対比で誤りやすい例

写真 11　正面に回らないと見つからない神社

写真 12　お巡りさんがいないと発見できない交番

写真 13　通りを横断する道があっても見過ごしてしまう

つを、現地実践によって、それこそ感覚的に覚える必要がある。

文言だけなら、そう難しくはない。

まずは、「三分ほど歩いたから、地図の上ではこれくらいかな」とか、「地図上のAの道路は、現地では六メートルほどの幅員かな」といった程度のことがわかると、先に進みやすい。一々地図にものさしを当てていたのでは、先に進まない。「これは、一車線の道路、これは二車線の道路だ」くらいはすぐにも覚えたい。そして、図上一ミリなら二五メートル、小さな指一本の幅程度の長さなら、図上一センチだから、二五〇メートルという具合だ。

こうした動作がある程度できれば、目の前にある風景と地図にある情報とのひもづけもスムースに進むだろう。「交差点から二百メートル進んだ進行方向の右手に小学校があるはずだ」と、地図を見てすぐに言えるようになる。

しかし、対象とする地図も、縮尺も多様だから、簡単そうに思えても意外と難しい。特に、「地図における誇張や省略の程度」については、情報が満載な大縮尺の地図なら、現地で地図利用者が取得する情報とのかい離が少ないから問題は少ない。一方で、情報が選別された中・小縮尺の地図では、目前の風景とのかい離を埋める作業が必要になる。

この問題をクリアするためには、「地図というもの」で説明してきたポイントを復習しながら、多くの事例を知り、経験を積み重ねるほか無いだろう。

少々繰り返しになるが、「地図を読むコツ」という観点で、具体例を紹介する。

「地図は真上から見たもの」だから、地図の上に明瞭に書かれた郵便局が、交番が、現地で見つからないことはよくある。郵便局が地図に表現されない程度、ほんの数メートルだけ通りの奥に建っている場合や、

図34　地図では十字路だが？

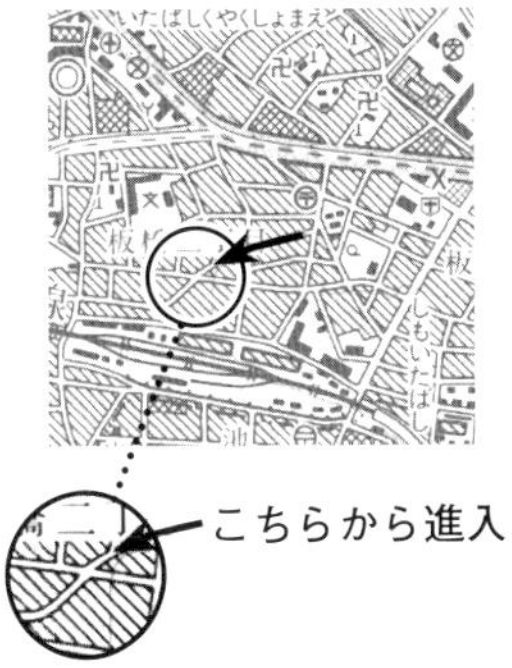

現地手前ではＴ字路のようだが…

少し進むと変形十字路になる

ポリスボックスと呼ばれるほどに小さな交番が、ビルの谷間に埋もれてしまっていることもある。

　地図に建物記号の記入があるからといって、現地で目立つ建物とは限らない。記念碑などの小物体記号なら、なおさらだ。

　現地では、特徴的なペンシル型の高い建物が、地図上では明らかにならない事例は前述した。地図上の一車線の道路も、大都市ではビル街に埋もれて、郊外では樹木などの陰に隠れて、その入口を見落とすだろう。

　地図をうまく読むためには、「地図には（表現上の）嘘があるのだ」といった、いい意味の先入観を持って、上から見た地図と横からの風景には、どのような違いがあるかを予想する必要がある。

　さらに、「地図は縮めたもの、省略したもの」だから、市街地やその周辺では、一車線の道路であっても省略される場合もあり、ごく狭い小路でも一車線と同じ幅の道路記号で表現される場合もある。道路の省略があると、地図を見て「五本先の道路を左へ曲がる」も信用できない。「道路の左側に学校があって、その敷地のすぐ先にある道を左に曲がる」なら問題は少ない。

　さらに、縮小と省略によって、見た目の道路の屈曲が、地図では正しく表現されていないと感じる場合もよくあるから、「三度目の左カーブの先にある交差点で右に曲がる」では難しい場合でも、「屈曲を繰り返す中での、二車線道路との交差点を右に曲がる」なら間違いは少ないかもしれない。

　地図縮尺によっては、「五棟並んだアパートがある」はずが、三棟しか並んでいない場合だってありうる（二万五千分の一では少ないが、五万分の一では当然起きる）。それほどひどくなくても、読み手が図上の一ミリの交差点の食い違いを見過ごして、「三叉路の交差点があるはず」と思い描いても、図上の一ミリは、実際の二五メートルにあたるか

同現地写真／交番は道路の右側にある

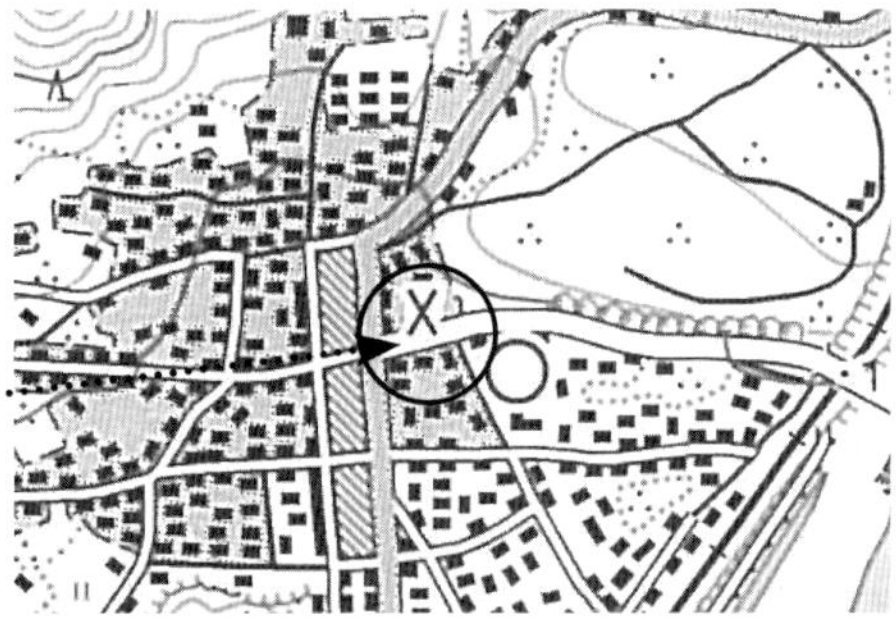

図35　道路の反対側に表示された交番の記号
国土地理院発行　1/25000 地形図『家山』

ら、現地ではY字形の交差点が二回連続する場合だってありうる。

また、地図が古いと、表現された徒歩道が、現地ではすでに廃れている場合も十分考えられる。こうした点でも、いい意味の先入観を持つ必要がある。

さらに、「地図は記号でできている」から、地図記号への正しい知識が不足すると、誤りも起きるだろう。

狭い道路の左側に記された交番の建物記号に惑わされて、実際は道路の右側にある建物を発見できない（図35）。行政界（都道府県や市区町村などの境界線）の記号を徒歩道と見誤り道を見失う。堰と滝の地図記号（図36・37）をとり違えるといったこともある。モノクロコピーの地図の断片を使うと、二本の平行線から、河川と道路の区別を誤る場合も考えられる。

誤りを少なくするには、地図知識が必要になる。建物記号の真位置は（記号の周辺にある）当該建物の中心である。行政界は（一点、二点といった）鎖線で、徒歩道は破線で表現される。堰と滝の地図記号には、図のような違いがあって、堰は水や土砂をせき止めるものだから、いかにもそれらしく上流を破線とし、下流に実線を置く。対して、滝の円点は「水しぶきに由来するものだ」から、円点は下流に付けられるのが相応しい。

河川と道路の区別も、等高線に逆らわずに自由に流れる自然河川と、地形を改変してでも自動車交通に適した曲線を描く道路では、おのずと屈曲に違いがある。こういった理解があると、混乱は少ないだろう。

実例を多く知り、地図知識を蓄えることで、しだいに地図が語る言葉が多くなるはずだ。

地図を回そう

ここまでは、主に基本的な地図知識に絞って紹介してきた。ここから

図36　堰の地図記号

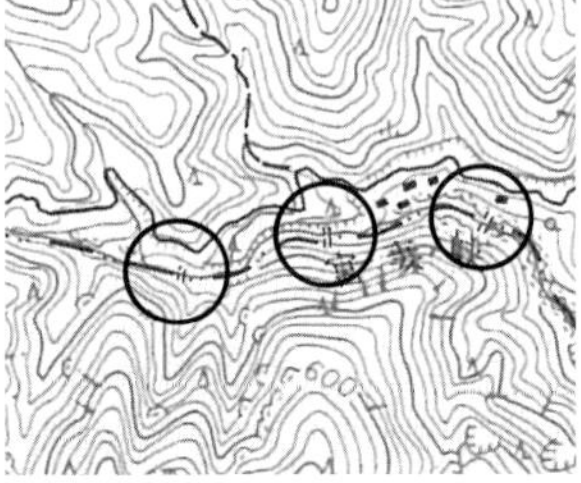

堰のある地図
国土地理院発行
1/50000 地形図『亀山』

図37　滝の地図記号

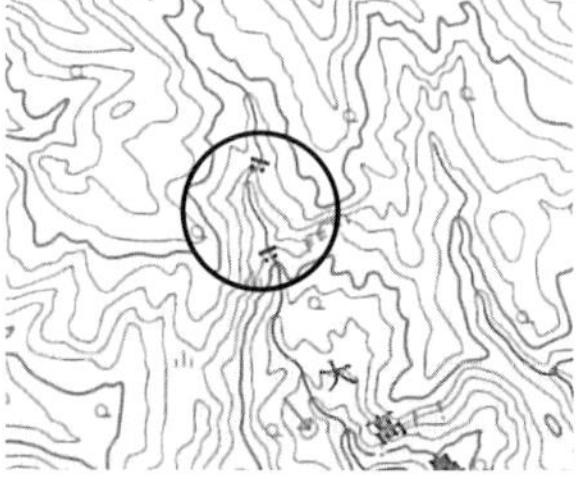

滝のある地図
国土地理院発行
1/50000 地形図『焼石岳』

は、これまでの知識をもとに地図を持って歩くナビゲーションについて説明する。

ナビゲーション。現代人は、この言葉からはすぐにカーナビゲーションを思い浮かべるだろう。それは、人間が持っていない能力を、機械やソフトウエアが補って、目的地に誘導してくれるのだと思うかも知れないが、実際は逆だ。カーナビゲーションの技術は、私たちが、ごく子どものころから頭脳の中で処理し、行動に結びつけてきたことそのものだ。それを、機械にやらせているのがカーナビゲーションのシステム。外部記憶や処理装置を使用しているといったものだ。

人気のテレビ番組「はじめてのおつかい」を思い浮かべるといい。小学校入学前の子どもたちが、親に言われてお使いに向かう。

テレビの前の視聴者には、地図が示されるが、私の知る限り子どもたちに地図が渡された例はない。もちろん、地図を渡されたとしても、彼、彼女らに、これを持ち歩いて行動する習慣は未だない。

しかし、彼、彼女らの頭脳には、蓄積された地理・地図情報があって、それに基づいて行動している。「家からのびる自動車道を、坂を下る方向に少し進むと、小さな川があって、そこにある橋を渡ってすぐのところは、大きな犬のいる茶色の家があって、その先を左に曲がると三軒目に、優しいおばちゃんのいるお菓子屋さんがある」といった風に、紙地図では十分表現できないほどの詳細な情報があるに違いない。

頭脳の地図にあるのは、線的な情報だけではない。利用する機会が多い、道路や公園・空き地などをベースにして、一定の広がりを持っているはずだ。公園という骨格情報には、遊具の場所やその高さ、色、面白さなどの付随する詳細な情報があって、園内での行動を容易で楽しいものにさせているのだ。

ルート検索や目標物検索、そして渋滞情報やレジャー情報などを用意したカーナビゲーションの技術は、一連の動きを少し科学的にやってい

A

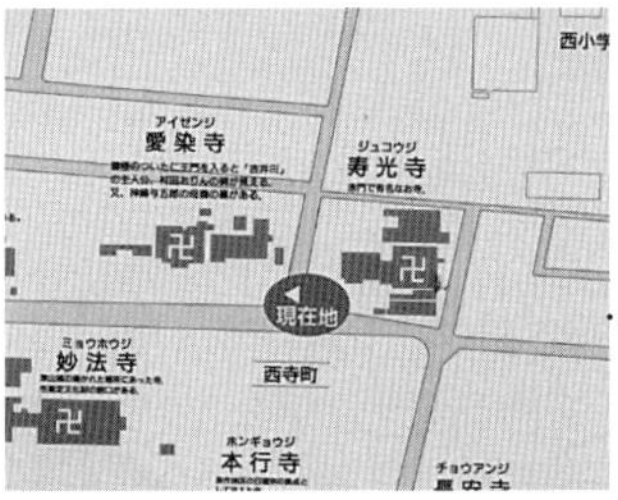

現地に設置してあった不整置の地図

▼

B

▲印の位置に設置した（整置された）地図

写真 14　整置していない案内図

るに過ぎない。

それでも、子どもたちが「はじめてのおつかい」で道に迷うとしたら（迷った例は少ないが）、どのような時だろう。

考えられるのは、あまりにも他のことに集中してしまい、頭脳の地図を納めた引き出しの場所を忘れた場合である。年長者なら、デパートなどの施設内で用事を済ませて外へ出るときに入口と出口を違えたり、工事中などで意思に反して回り道をさせられたりして、予想に反した場面に出くわした場合などにおなじことが起きる。

次は、見知った風景ではあるが、何かの原因で進むべき方向が曖昧になる場合だ。

前者の場合は、使用していた地図を見失ってしまったのだから、何とかして頭脳の地図を探し出すしかない。あるいは、取り出して使っている頭脳の地図だけでは、不足したのだから、これまでの経験を思い出して、必要な地図を用意する必要がある。

どうしても新しい地図を用意できないなら、この間の児童公園内での行動やデパート内での行動を巻き戻し、あるいは思考そのものを戻して、見知った場所から行動を開始するのがいい。

後者は、「自分の位置を知る」のところで説明したように、地上の風景と頭脳の地図が正確に一致しない、「不整置」が起きているのだから、外部からの情報を適切に使用して整置をやり直すといい。

整置について、実例をもとに、もう一度復習してみよう。

上の「図A」は、街中に置かれた地図が整置していない例である。

案内図は、少し脇道に入った位置に設置されていて、この状態では地図の前に立ったときに、右側に描かれた情報が右手に位置しない。地図を九十度回転して読む必要がある。この図の場合なら、現在地記号の▲

写真 15　街中の案内地図

写真 16　ちょっと分かりにくい案内標識
（埼京線へは、どこへ向かうといいのかな？）

写真 17　これなら分かる案内標識

印と、読み手の向きが一致していなければならない。

すなわち、大通りに設置すれば、右側に描かれた情報が右手に位置して、整置した状態になる（図B）。

案内地図の不整置は、作り手が、地図の置く場所と向きについての検討を不十分なまま作成・設置した場合に起きる現象だ。

そのとき、路面に直接描いたような案内図なら、どのように作っても、回転させて正しく置けば対応できるが、現地の壁面などに据え置く形の案内図では、案内地図をそのまま回しただけでは、書かれた文字が読み手の向きに合致（正対）しないという問題が残るから、看板の作成者は設置位置を事前に検討してから地図作成する必要がある。

「写真16・17」のような方向標識の例も、読み手の行動を考えると、同じような工夫・注意が必要になるはずだ。


もう一度、地図使いの実例である「はじめてのおつかい」に話を戻そう。子どもたちが「頭脳の地図」を目の前の風景と一致できない「不整置」によって方向を失った場合には、町角の店先などで辺りの風景を確認して、「右へ進むのか、左へ進むのか」の判断をしている。そのとき、無意識に「頭脳の地図」を回す対処が出来ているはずであり、そこには街中の案内図のように、文字が正対しないという問題はないから便利である。

ということで、街歩きでも、野山歩きでも、この「頭脳の地図を回す」ことや目の前の地図を回す（進行方向と地図の向きを合わせる）対処が速やかに出来れば、多くの問題は解決するはずである。現在地が明らかなら、地図を整置させて、進むべき方向を探し当てる。現在地点が不明なら、明らかだった地点まで戻るのが最適の方法だ。

勢い、迷った時の対処にまで進んでしまったが、あの「家からのびる自動車道を、坂を下る方向に少し進むと、小さな川があって、そこにあ

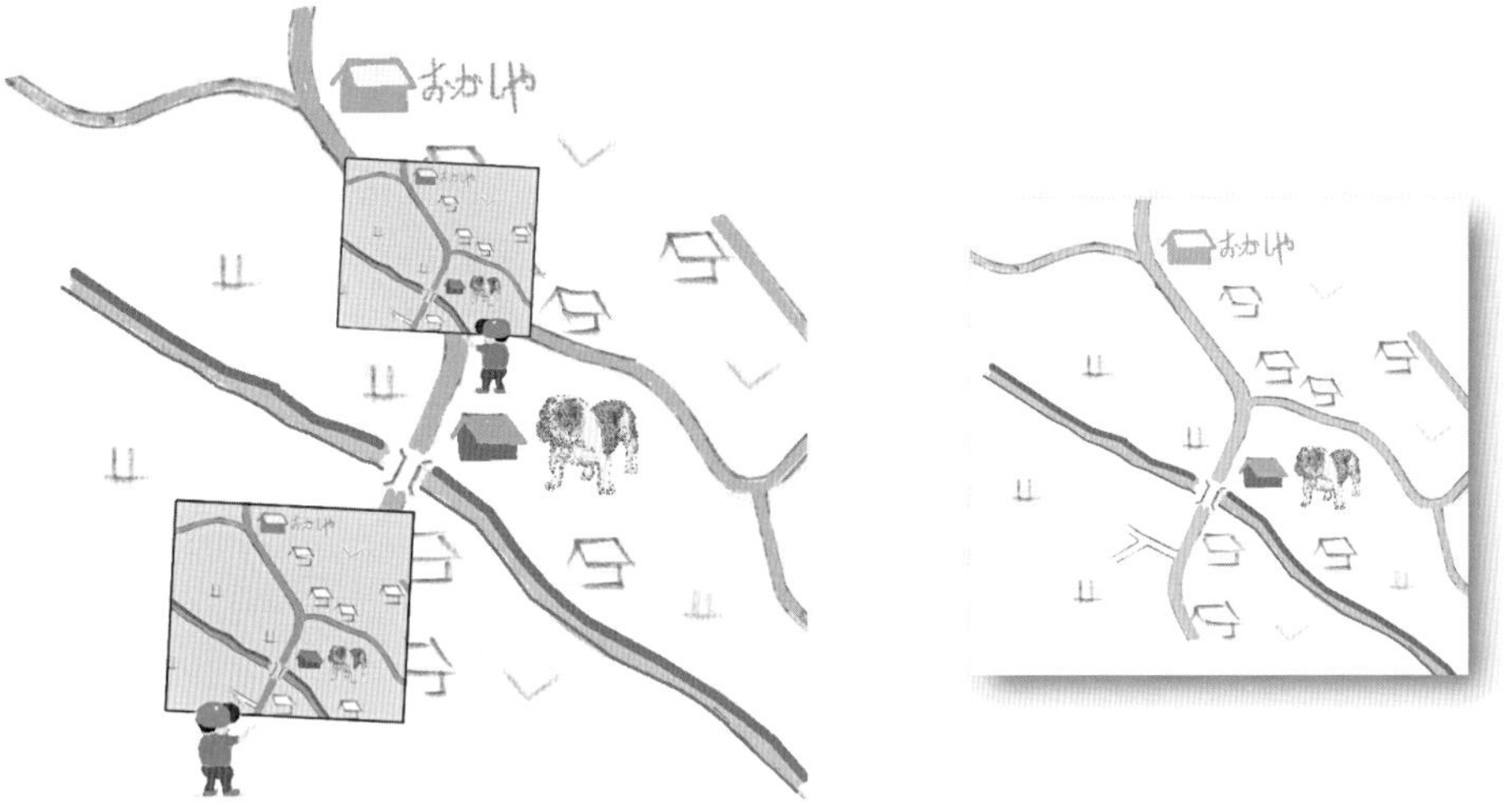

図38　頭の中の地図を回す（自分の位置と地図との関係を変化させる）

る橋を渡ってすぐのところは、大きな犬のいる茶色の家があって…」と連続的に行動するためには、「私」の家の前では、大きな犬のいる茶色の家の前では、お菓子屋さんの店先までの道では、それぞれ「図38」のようにして地図を回して使うと分かりやすい（本当は地図そのものは回っていない。自分の位置と地図との関係が変化している）。

やはり、これもカーナビゲーションが持っている機能の一つだ。

「はじめてのおつかい」の子どもたちも、街歩き・野山歩きする私たちも、（頭脳の）地図を広げて歩く目的は、「お使い」であり、「地図を広げて歩きを楽しむ」であって、苦しみながら地図を使うことではない。「地図を回して使う」を、あまりに連続的にしていては、楽しみが半減する。それどころか苦しみになってしまう。

子どもたちだって、私の家の前、茶色の家の前、お菓子屋さんの店先などの主要ポイントに限って、頭脳の地図との確認行為を瞬時に苦もなくしているはずだ。その間は、鼻歌も歌うだろう。

街歩き・野山歩きも、そうあるべきだ。

地図作りのためには、車でかなり広い範囲をくまなく調査しながら行動する場合もある。そのとき、「地図を回して使う」ばかりでは、大きな目標を見失うから、いっとき頭脳の地図をかなりの広域地図にして、回転しないで使う。すなわち、車がどのような方向を向いても、「おおむね西に進めば、あるいは○○山方向に進めば、必ず国道○号線にたどり着く」などとして行動する。

街歩き・野山歩きの例でいえば、「あの高層ビルの方向にさえ向かえば、どのような経過をたどっても○○駅に近づく」「○○山の中腹にある神社を前方に見て進めば目的地に着く」として行動することである。この方法は、天候やランドマークの良否などに左右されやすいが、事前にしっかり確認しておけば、自由な行動を取りつつ最終目的地を目指す場合などに有効である。

豆知識6

歩いて測る

距離を測るために最初に使われたものさしの一つは、人間の歩幅であったはずだ。

「量地指南後編」(一七九四年刊)という本には、「己尺(こせき)とは、一己の体を悉く寸尺となすべしとなり。意はたとえば、己が三足は一間、腕尺は二尺五寸、・・・・兼ねて試しおくをいう。」などとある。すなわち、体全体をものさしとして使用する。三歩で一間、腕は二尺五寸といったように事前に確かめておくとよいだろうということ。これは「人間ものさし」であって、熟達すればかなりの精度で測定できる。

陸地測量部の流れを汲む、国土地理院の職員は、入所とほぼ同時に建設省建設研修所測量部(現国土交通大学校測量部、過去は陸地測量部修技所など)に配属されるのが通例であった。そこでは、測量・地図と関連する技術と学問を叩き込まれる。歩測も訓練した。

左右の足一回ずつで、一複歩と数えて、百メートルを六六複歩ないし六七複歩で歩く。そのときの一歩は七五センチとなり、一複歩は一・五〇メートルとなるから、六六複歩なら六六十三三=九九(メートル)のように、数えられた。複歩数にその半数を加えれば、距離(メートル)が得られる仕組みである。

訓練した者の歩測の精度は、平地部で三十分の一といわれるから、百メートルならプラスマイナス三メートル程度の誤差で求められる計算になり、かなり有効に使える。

プロゴルファーが、歩測を使用しているようすは、テレビでおなじみだ。読者も訓練して歩測の達人になろうではないか。

歩測と複歩(忠敬の歩幅は69cmだった)

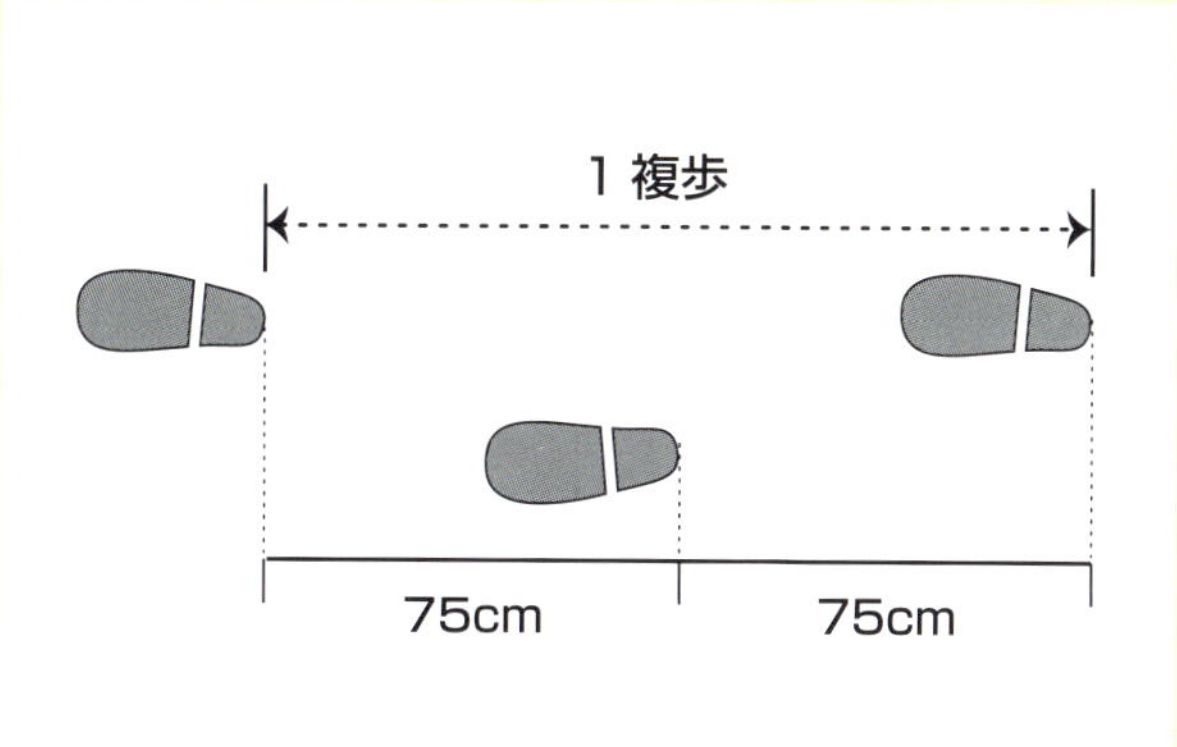

⑬小田ノ里（小田川上バス停）START
⑯（一等水準点２０９８）
⑰（武光地蔵）
⑱（常願寺のしだれ桜）
⑳太田川愛宕神社　2.0km
㉑（太田川　三角点上夏針）
㉒（峠の石塔群）
㉓新池の松並木
㉔（踏瀬愛宕神社の「几号水準点」）
㉕踏瀬集落　4.0km
㉖五本松の松並木　5.0km
㉗（卯衛門茶屋跡）
㉘七曲がり峠　5.8km
矢吹駅　GOAL 8.9km

1：25,000

国土地理院発行　1/25000 地形図『矢吹』
国土地理院発行　1/25000 地形図『泉崎』
国土地理院発行　1/25000 地形図『白河』
国土地理院発行　1/25000 地形図『上小屋』
※65 パーセントに縮小

地図の旅 ROUTE 4

地図の上で旧街道を歩く

～陸羽街道を訪ねる～

再び机上散策をしてみよう。

ここにある地図は、福島県泉崎村の踏瀬《ふませ》という集落を中心とした地図である。

地図の中心には、北東から南西に向けて、高速道路、国道、そして二車線の道がほぼ並行している。各道路の曲率や形に注目すれば、どれほどの速度の交通に対応した道路か分かるだろう。

高速道路と国道は、地形との関連を断ち切るような大きな曲率を持ち、しかも、高速道路は、中央分離帯があり、他の道路とは高架や盛り土によってすべて立体交差している。

国道バイパスなどは、曲率はやや高速道路に近いが、他の道路との交差は平面もある。

一方の残った二車線の道は、国道と絡み合うように、しかも地形に逆らわずに作られたようすが見られて、この

地図の上で旧街道を歩く

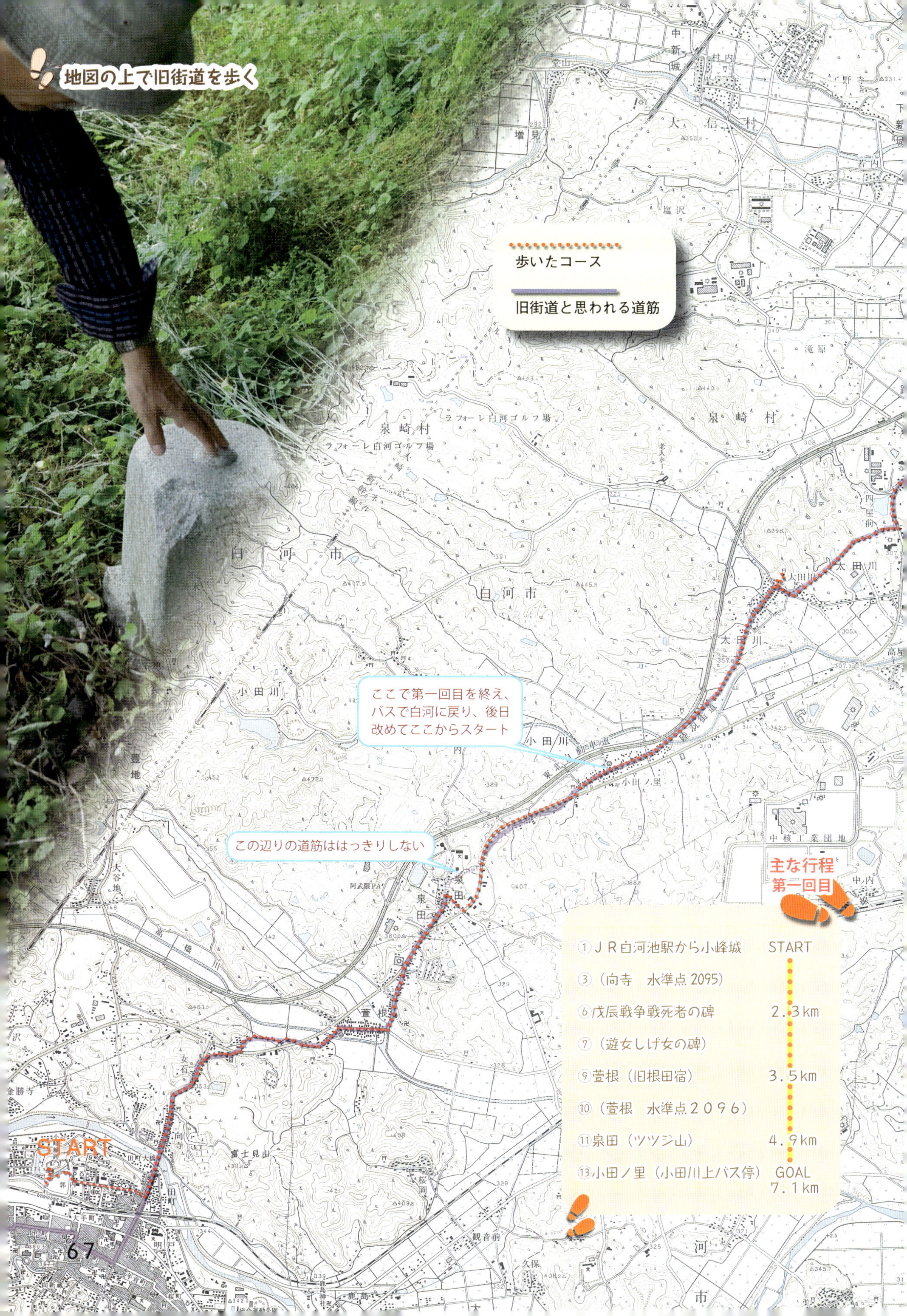

歩いたコース

旧街道と思われる道筋

ここで第一回目を終え、

バスで白河に戻り、後日

改めてここからスタート

この辺りの道筋ははっきりしない

**主な行程

第一回目**

①JR白河駅から小峰城	START
③（向寺　水準点2095）	
⑥戊辰戦争戦死者の碑	2.3km
⑦（遊女しげ女の碑）	
⑨萱根（旧根田宿）	3.5km
⑩（萱根　水準点2096）	
⑪泉田（ツツジ山）	4.9km
⑬小田ノ里（小田川上バス停）	GOAL 7.1km

道が旧国道などであることを示している。しかも、さらにこの道路と絡み合うように、一車線や軽車道が見え、旧街道の痕跡を思わせる。

　しかも、踏瀬付近は旧国道であると同時に旧街道でもあるようだ。

　それは、踏瀬集落には旧来の道路に沿って発達したようすが見え、多くの住居が古くからの集落を思わせる「樹木に囲まれた居住地」の記号で表現されていることで予想できる。同集落の南には、同じように樹木に囲まれた「太田川」の集落があって、さらに南には案の定、「陸羽街道」という文字注記も見える。

　現在の国道を通らずに「小田ノ里」から「太田川」「踏瀬」「五本松」「大和内」といった集落をたどれば、陸羽街道のむかしに会えるかもしれない。

　この道筋を地図上でたどって、しばし空想の世界に浸ってみよう。


白河から五キロほど北へ進んだ「泉田」集落を過ぎると、国道四号線は切り通しになる。旧街道も、ほぼ同じ道筋を取ったのかもしれない。


峠を越えて下りに差しかかると、明らかに陸羽街道の道筋と思われる小さな道が、現国道の右手（南）下に小さくうねりながら走っている。小さな道は、間もなく現国道を絡むようにして北側へと進み、左手入口に神社があって「小田ノ里」へ入る。

　国道がバイパス状になったことで、集落を抜ける道は、往時の静けさを取り戻しているだろう。「小田ノ里」からは、泉川にかかる橋を渡り水田の広がる風景を右手に見ながら、小さな峠を越えて、お寺の大きな屋根が見えると「太田川」の集落だ。緑に囲まれて街道宿の雰囲気が残る「太田川」の集落をしばらく進むと、正面の小山に神社を見て、街道は右に直角に折れる。さらに左に折れた街道は、小さな池を左手に見ながらなだらかな坂道を上り下りして進むと左手に大きな溜池が現れるだろう。

　「太田川」から先の陸羽街道は、さらに東にある「十八夜山」という小さな集落を通過していたのかもしれない。「十八夜山」には、どのようないわれがあるのだろうか。地図にはないが、餅などをお供えして信仰の対象となった「十八夜塔」と刻まれた路傍碑が、今も残っているかもしれない。

　どちらにしても、その後現国道を南に出た街道は、往時を偲ばせる松木立などにすっぽりと囲まれたような「踏瀬」の集落に入る。さらに先には、「五本松」地名の謂われになっている、大きな五本の松が残っているかもしれない。松並木を抜けた街道は、「あぶくま高原道路」を橋の下に見て、北へ進むと道はくねくねと蛇行を始め、やや大きな峠となる。峠から振り返った広がりのある展望を後にすると、街道筋に発達した雰囲気を漂わせる「大和内」の集落に到着するだろう。

　私は、この文章を書いた時、当地の情報の一つも入手していないし、現地も訪問していない。

　しかし、こうした勝手な予測を立ててから現地を訪ねる街歩き、野山歩きは、ガイドブック一辺倒のそれとは異なる面白さがあるはずだ。

　読者には、その後訪問した街道歩きの雰囲気を以下の文と写真から感じてほしい。

START 1

結城親朝による1340年ころの築城が最初だという、見事な石垣の残る小峰城からスタート

さて、このような想像をもとにした現地の街道歩きだが、踏瀬の集落にそれほど特徴的なことはなく、くねくねと蛇行する「大和内」手前の峠の展望も樹木にかくれて予想以下のものであった。

しかし、旧街道筋の集落はいずれも緑が多く、豊かさを感じさせる大きな家屋と立派な庭があり、すべての家々にあると言っていいほど見られる大谷石造りの蔵が特徴的だった。「五本松」には、永い間、旅人とともにあった雰囲気をもつ松並木がほんとうに残っていて、私をびっくりさせた。

全体としては、道筋には地蔵あり、石碑あり、醸造蔵あり、もちろん自然も溢れていて、旧街道歩きをする人を飽きさせない、期待を裏切らないとても楽しいものだった。中でも、太田川集落手前の小さな峠の樹林から、優しくこちらを見ていた武光地蔵と、太田川愛宕幡神社の危険と思えるほどの急な石段の先からの眺望（66頁右写真）は、いつまでも忘れないだろう。

2

城址内の四等三角点「小峰城」を探す

3

「向寺」の集落は、いかにも街道沿いに発達した街並み

4

コースから大きく外れるが、放送アンテナのある富士見山山頂には、一等三角点「富士見山」がある

5

「女石」集落の入り口で、水準点2095を見る

※ここでは頁の都合で一行程として紹介したが、全行程が約16kmと長いので、二つに分けて歩くといい。

国土地理院発行　1/25000 地形図『白河』

7

長州藩士を逃走させたとして会津藩主に殺害された「遊女しげ女の碑」もあって、旧街道らしい

10

道路西の水準点 2096 を見る

9 左頁写真

8

旧街道は、国道四号線と絡むように残る

7 上写真

6

戊辰戦争の際に白河口などで戦死した仙台藩士を慰霊する「戊辰戦争戦死者の碑」

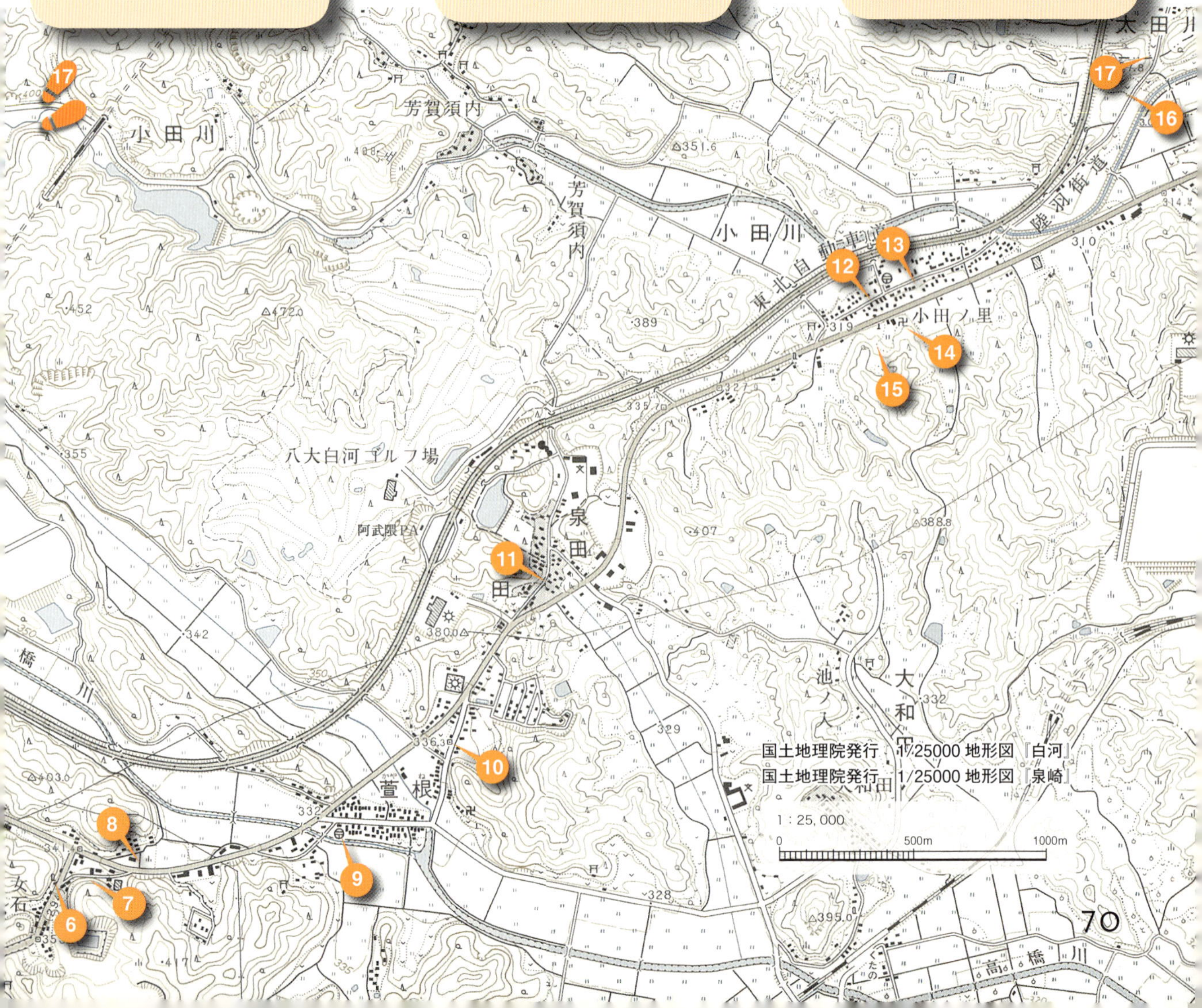

9
「萱根（旧根田宿）」の入り口には、簡易郵便局も兼ねる根田醤油の事務所。根田醤油で、醤油樽の並ぶ風情のあるようすを見る

11

泉田集落には、手入れされたツツジ山（個人宅）がある。旧街道筋の集落には、立派な蔵を併せ持つ家が多い

12

「小田ノ里（小田川宿）」の通りの東側には、清水が流れていたと思われるが、暗渠と化しているのが残念だ。

13

集落の中央には、庄屋宅を思わせる大きな蔵を持つ立派な屋敷がある

14

国道を渡った先には米沢藩が宿所にしたという宝積院がある

15

宝積院墓地の高まりに立つと、高速道路、現国道、旧街道が並行して走るようすが見える

16

泉川を渡った小さな峠下の草むらに、一等水準点 2098 標石がぽつんと立っている

17

峠の林の中から、ふくよかで立派な風体の「武光地蔵」が旅人を迎えてくれるようだ

樹齢600年のしだれ桜が、みごとな枝ぶりを見せる常願寺

コースからやや離れた農道の十字路に、四等三角点「上夏針」がある

危険を感じるほど急な181段の石段がある愛宕神社。途中には、何かいわれがありそうな「巳侍供養碑（文化十年）」がある。何よりも階段上から見下ろす「太田川宿」の景色はすばらしい（66頁）

「太田川（宿）」集落の中央にも、庄屋宅を思わせる立派な屋敷がある

その後、寺社や石標をたどり、終点はトンボの目を思わせるようなデザインの矢吹駅

地図の上で旧街道を歩く

26 明治18年ころに補植したという見事な「五本松の松並木」が続く、旧街道そのものだ

24

「踏瀬」集落入口の愛宕神社鳥居には、明治初期にイギリスからの技術をもとに設置した「不」字状の「几号水準点」が刻まれている

23

土堤に枝ぶりのいい松が並ぶ新池は、静かな水面を見せる

22

太田川集落北の峠付近には石塔が並び、小さく上下する道は旧街道にふさわしい

25

松林や竹林を背負った「踏瀬」の集落にも立派な土蔵を合わせ持った家屋が多い

26 上写真

27

美味しい水が自慢であったという「卯衛門茶屋跡」。当時のままに井戸が残されている

28

七曲り峠の矢吹側にも、「文七茶屋」があったといい、旧街道は車道のさらに東側を通っていたという

矢吹町本町の造り酒屋

地図を広げて三角点を探す part2

地図をたよりに東京メトロ広尾駅から

有栖川記念公園内へ

点の記の案内図をもとに公園の南西をめざす

広尾で三角点を探す。三角点が含まれる地図、そして「三角点　点の記」、小さなショベル、メジャー、カメラなどを用意すると便利だ。

市街地などでは、付近に対象物が多くあるから案内図も詳細で、記載された目標物からの方向と距離を元にすれば見つけやすいだろう。その反面、丘陵地や山林地などでは、「三角点　点の記」があっても難しい。

測量士になったつもりで案内図にある目標物からの方向と距離をメジャーで測定して探すしかない。設置した場所は、隣接した三角点方向が見えて、保全性に適しているはずだから、その点を考慮して探すことになるのだが、市街地ではそれも不確かだ。

三角点・水準点探しで注意したいのは、三角点の設置場所のほとんどが、公共の管理地や、個人や企業の所有地などだから、土地立ち入りに際して、できるだけお断りしてから敷地内に立ち入る。場合によっては、事前に許可を必要とする場合もある。

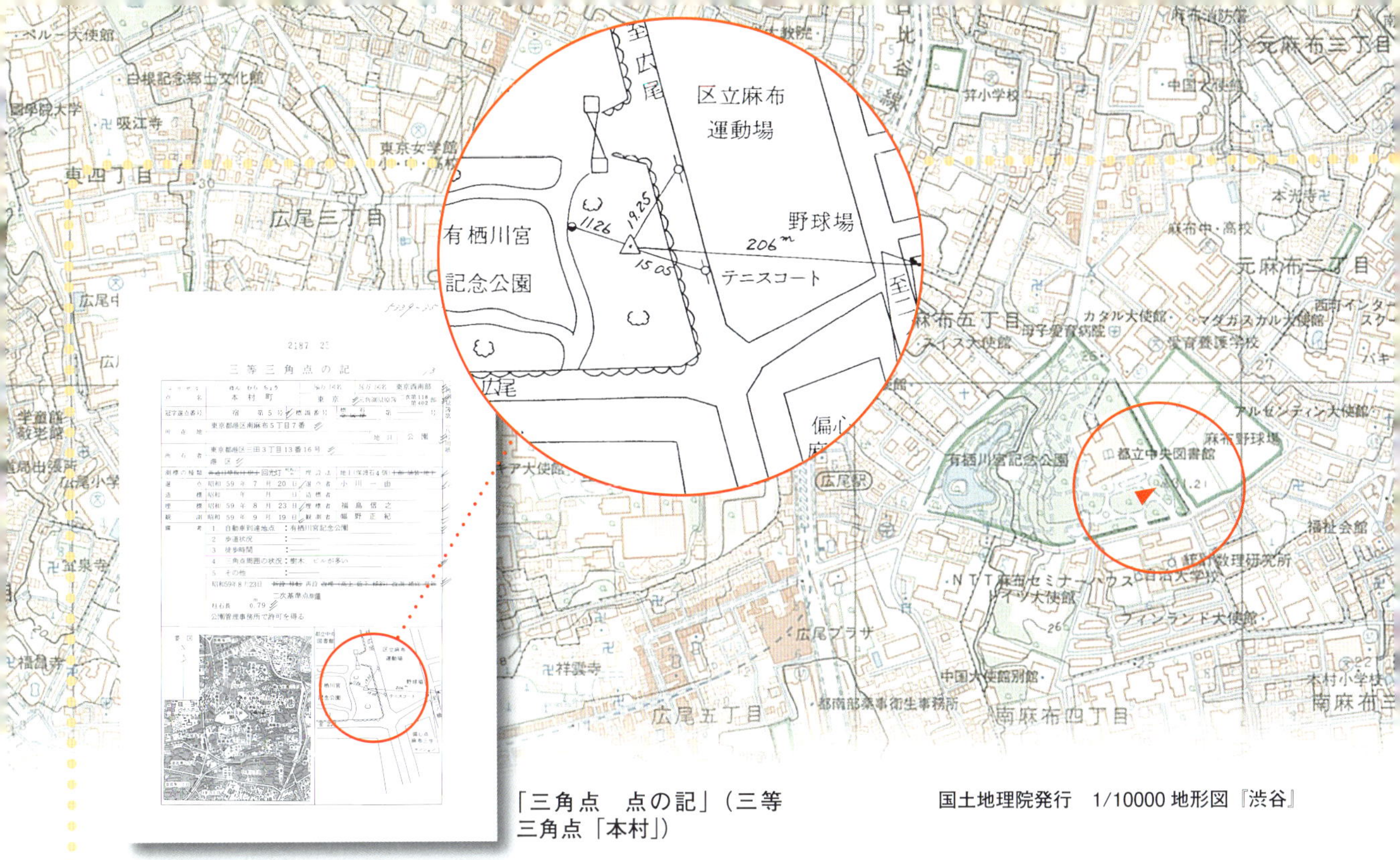

国土地理院発行　1/10000 地形図『渋谷』

「三角点　点の記」（三等三角点「本村」）

三角点（三等三角点「本村」）

コンパスを使用して、標石の方向を確認してみる

案内図に書かれた距離などをたよりに標石を探す

また、ショベルなどで周囲を掘起こした場合は、標石の毀損や交通事故の原因にならないように、元にもどしておく必要がある。

図は、東京都港区の有栖川宮記念公園にある三等三角点「本村」付近の地図（部分）、「三角点　点の記」（案内図の部分）だ。これだけそろえば、誰でも容易にたどり着くだろう。

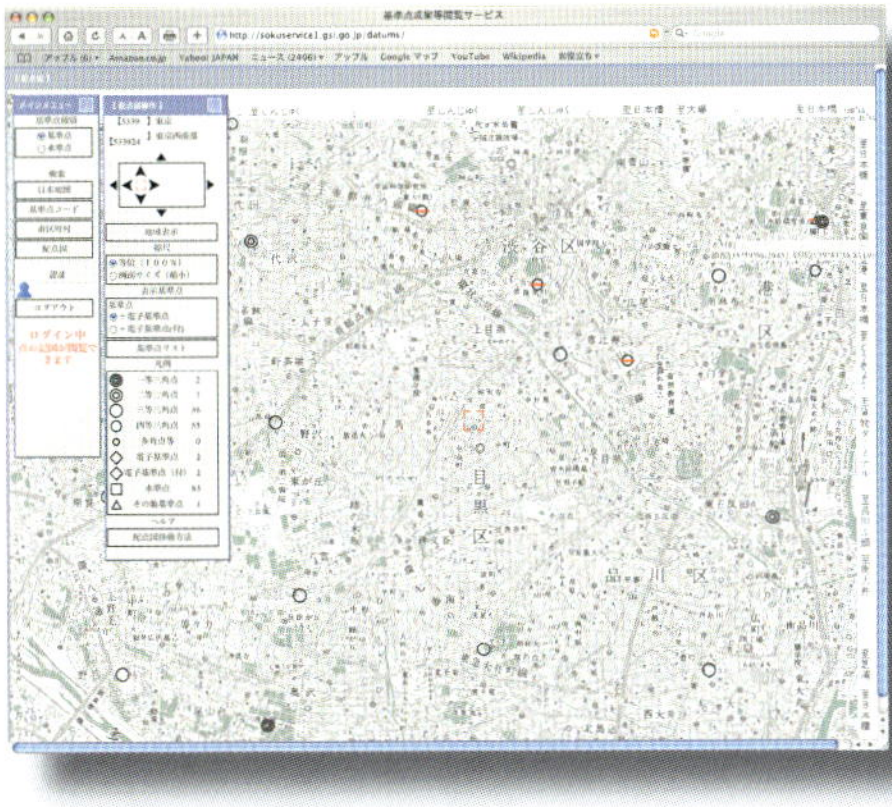

「配点図（画面）」（国土地理院のホームページ）「点の記」は国土地理院のホームページで登録すると（無料）左のような「配点図」を参照して誰でも見ることができる。

注1
主曲線：平均海面からの高さが 10 メートルごとの曲線

注2
計曲線：10 メートルごとの等高線および等深線のうち、50 メートルごとに太めて表現した等高線および等深線

注3
補助曲線：緩やかに傾斜しているところや複雑な地形をしている地域などで、主曲線だけではその特徴をあらわすことが不十分な部分にわかりやすくするために表示する等高線及び等深線。主曲線と主曲線の間を5メートルまたは 2.5 メートルごとに表示

道路も読む、川も読む、田畑も読む

道路はどれ、川はどれ

何度も述べてきたように、「地図は、すべて記号で出来ている」から、記号を知らなくては、地図は読めない。

ここまでに、俗にいうところの地図記号（建物記号や小物体記号）にはある程度ふれた。しかし、街歩き、野山歩きには、それ以上に大切な地図記号が残っている。移動の手段となる「交通に関する記号」、地表にある植物を表現する「植生記号」、そして「地形に関する記号」などだ。

国土地理院発行　1/25000 地形図『家山』

地図記号クイズでも、こうした記号については、あまり触れられないように、建物記号以外は既知だとして進められる例が多いが、果たしてそうだろうか。

　残りの地図記号について、どれだけ見知っているか、実例を見ながら確認して見よう。

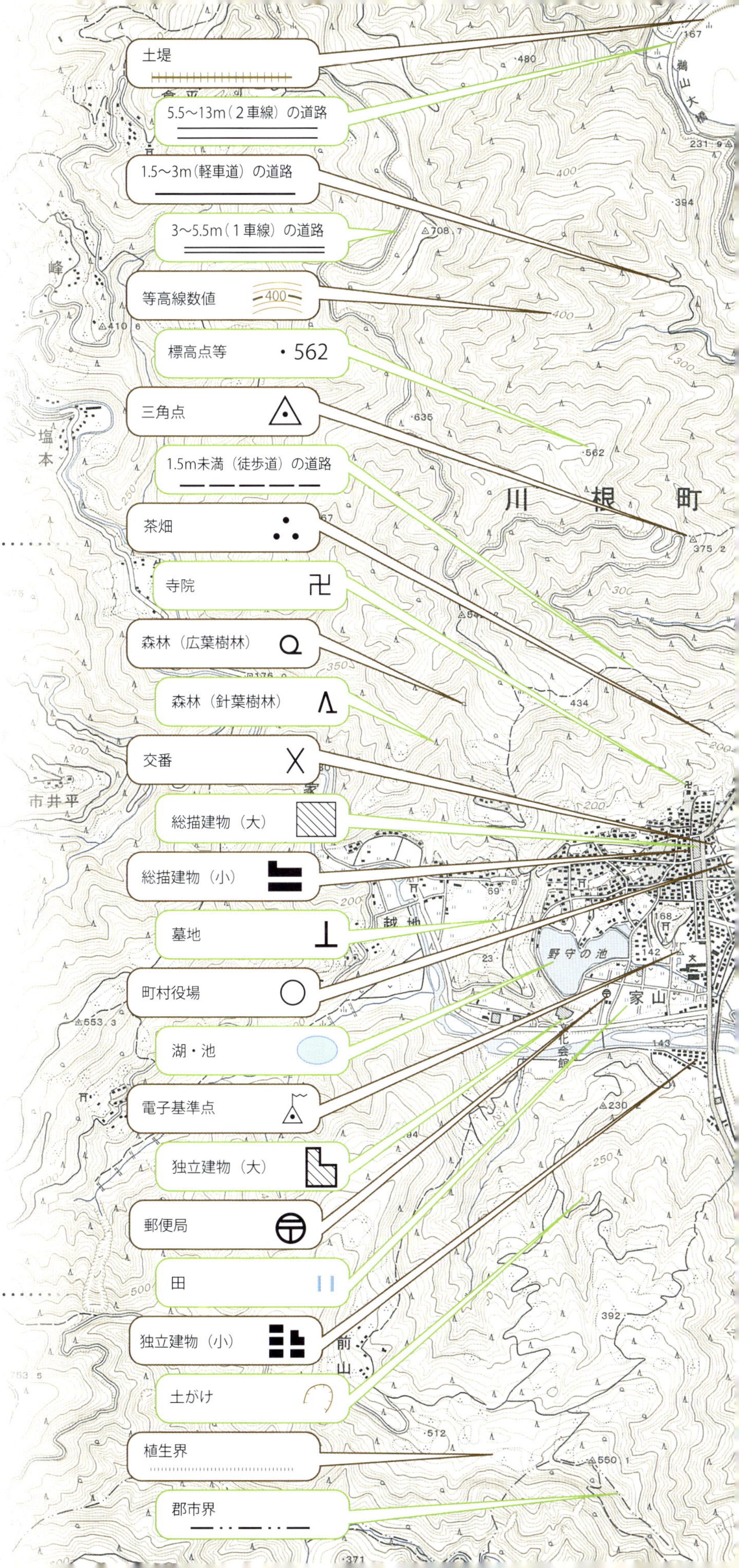

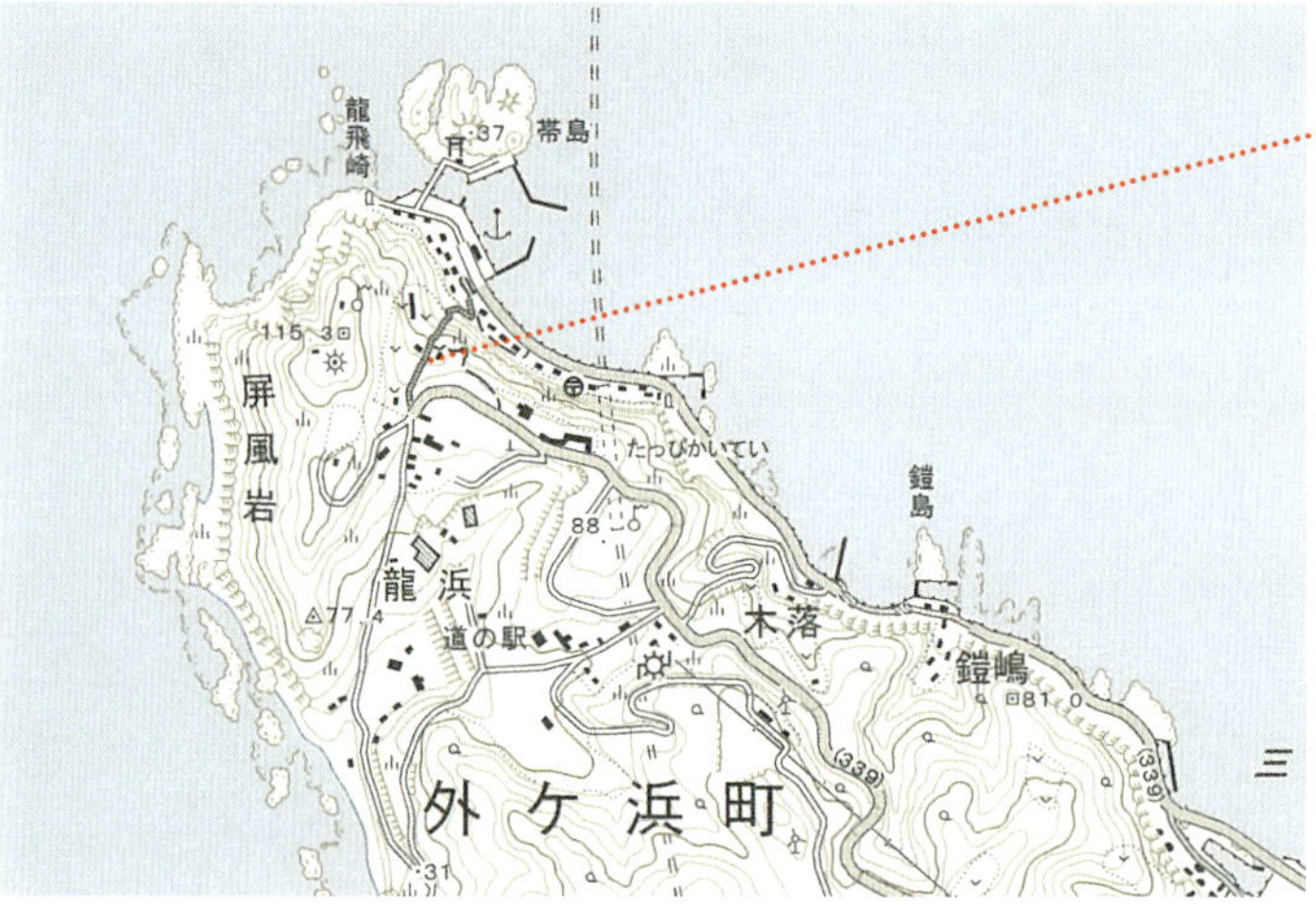

ここが階段国道

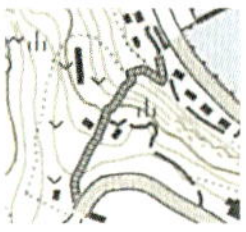

図 39　階段国道（龍飛崎）、階段の記号に、国道であることを示す茶色の網点が表示されている

国土地理院発行　1/25000 地形図『龍飛崎』

川の始まり、山の始まり

地図の中の始めと終わりに注目してみよう。道路や鉄道の始まり、あるいは終点はどこにあるだろうか。

身近な団地内の道路なら、団地の隅あるいはアパート建物の端で終わっているから、ここが始点であり、終点となるだろう。

日本全体ならどうだろう。「すべての道路はローマに通ず」という文言ではないが、日本列島の道路は全体が網状になって、どこへでも通じているから、盲腸状になったところが道路の始点であり、終点となるだろう。ちなみに、日本橋の日本国道元標は、国道の延長距離などを明らかにする場合の起点であって、道路の端っことはいえない。

本州の北端となる龍飛岬には、車両が通れる国道の先に階段（状の）国道（三三九号線）があって海に続いている（図39）。人も車も事実上これ以上通行できないから、ここが数多くある道路の始終点のひとつといえるだろう。

野山へ通じる自動車道の場合ならどうだろう。やはり、山岳地に入る前で自動車道は終点となる。しかし、一般的にはこの先にも歩行者用の道（地図では「徒歩道」と呼ぶ）があって、山頂などに続いている。

ここで、話を地図に戻そう。

図式では「徒歩道は頻繁に利用されるもの、集落相互を結ぶもの、主要な地点に到達するもの」だけが表現される。

自動車道の先に徒歩道があっても、それが利用頻度の低い、しかも山頂までたどり着かない道だったら、地図上では表現されない。龍飛岬の階段国道の例では、徒歩道や階段であっても観光客が大勢押し掛け、道路延長も十分あるから表現されている。

一方、山頂まで達しない、登山客が少ない、あるいは維持管理が十分でない徒歩道は表現されない。地図上の道路始終点は、自動車道路が終わった地点となる可能性が高い。ということは、「地図の上の自動車道

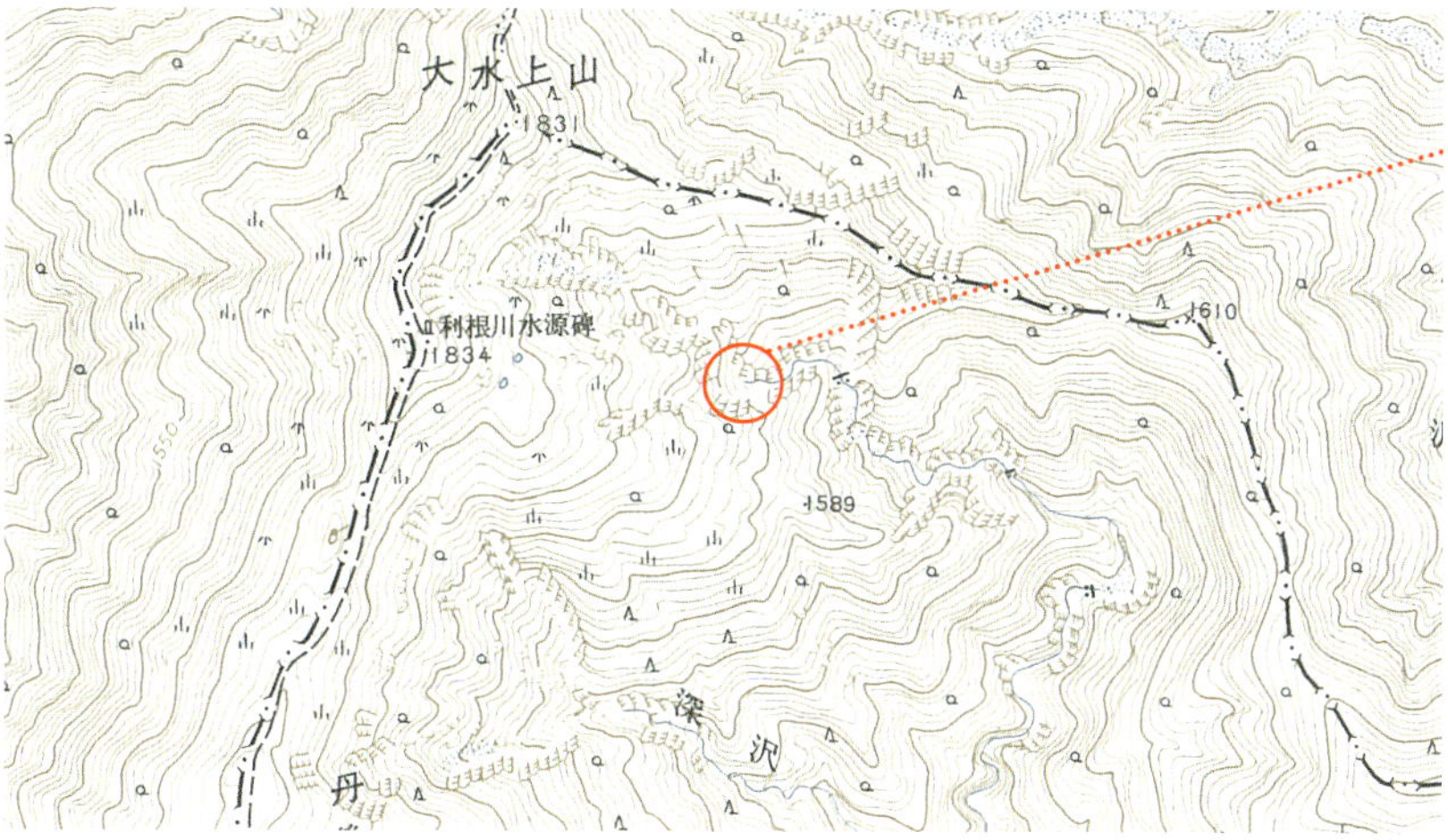

地図上の川はここで終わりだが、水源はもっと上にある

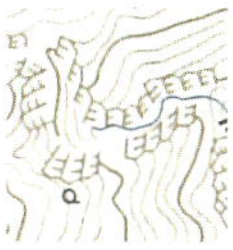

図40　川の始まり。水源碑から200メートルほど下った位置に水源がある（利根川水源碑付近）

国土地理院発行
1/25000 地形図『兎岳』

路が終わった先には、地図には表現されない歩行者用の道（徒歩道）が存在する可能性が高い」とも言える。

　これは、正しい理解さえあれば、ちょっとした野山歩きには利用できる情報になるだろう。しかし、一方では、地図の上の徒歩道は現状を反映していないことも多い。地図には記載があっても、すでに廃れていることも多いから、現地の状況に応じた対応が必要だ。

　鉄道の始終点の場合はどうだろう。

　現地では、終着駅のさらに先にも鉄道は伸びて、車両基地へと続くのが普通の姿である。しかし、地形図では駅と駅の間だけを白と黒の旗竿状（ＪＲ線の場合）の「本線」として表現する。終着駅から先は、同じ線路であっても、それも必要に応じて、細い線を引いただけの引き込み線の記号で表現されるのだが、終着駅から先は、一般者は利用しないから実害はないだろう。

　こんどは、河川の始終点について考えてみる。

　涸れ川などのような特別な場合をのぞくと、河川の終点は海や湖である。そして、始点は山の奥深くなどに存在する水源、あるいは源流と呼ばれる地点である。

　地図に話をつなげよう。

　地図には、河川の水源から始まる流水が表現されているのだろうか？図式には、「（一条）河川とは、平水時の幅一・五メートルの河川をいう」とあるから、それ以下の幅の河川は地図に表示しない。すなわち、水源あるいは源流の川幅が一・五メートル以上なければ原則表現されないのだ。特別な場合をのぞき、水源近くでの川幅が、それほど広くはならないだろうから、答えは、ノーである。

　地図に表現された河川の先にも、水の流れは存在する（図40）。

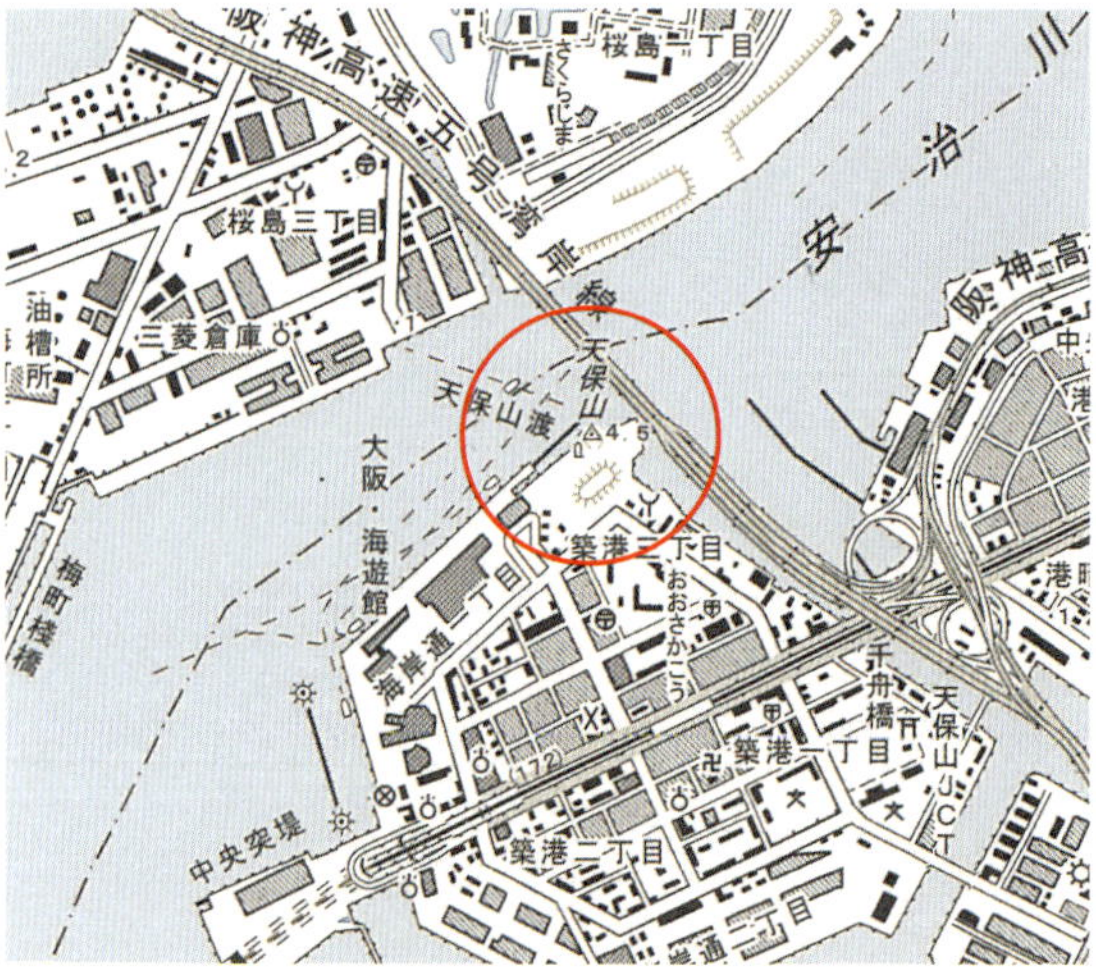

図41　もり上がっていない日本一低い山（大阪・天保山）

国土地理院発行　1/25000 地形図『大阪西南部』

次は、山の始まりである。

海岸近くには平野があり、丘陵や山などと続くが、山の始まりはどこなのだろう。

その山の定義などについて、地学辞典では以下のようになっている。「山とは、平地より高く隆起したところ」、「平野とは、起伏がきわめて小さく、ほとんど平らで広い地平面」、「丘陵とは、三百メートル内外の高さの緩慢な斜面と谷底を持つ地形」とある。

ちなみに、高原とは「周辺地域より（海抜からの）高度が高く、表面起伏の小さい広がりのある土地」と。

これでは、現地でも地図上でも、「ここが平野の終わり」「山の始まり」などというように線を引くのは難しい。

「『森』は、木がこんもりと盛り上がったところであった。転じて、人の住まない野でも里でもないところ、開墾の手の入っていないところを『森』と呼び、盛り上がったところを示す『山』と同意語となった」という説もある。

したがって、付近よりもり（盛り・森）上がったところならば、その広がりや大小は問わないから、地図の上でも、ここから山だというような表示はしない。山頂に標高に応じた大きさの「○○山」という注記文字を書き入れてお終いである。

山の始まりも、山の広がりも、地図からはわからないのだ。

ここまで、始まりと終わりにこだわって紹介してきた。

地図に表現された自動車道路の先には徒歩道が続く可能性があり、水色で表現された河川の先にも水の流れはあるから多少の注意が必要だ。そして、地図にはてっぺんにしか山の名前の記入が無くても、山や森はごく麓から始まるから、その険しさは等高線などを参考にして、随所で推しはかる必要があるだろう。

豆知識7

地図の「鮮度」に注意!

残念なことだが、紙地図の鮮度は従来に比べて、今後さらに低下が著しくなる。

従来は、曲がりなりにも一定の周期をもって地図の維持管理・修正が行われてきた。その後のデジタル地図の提供、インターネットでの地図閲覧など、地図作成を担当する国土地理院の業務が多様化した。そして、カーナビゲーションの発展に伴って地図の鮮度要求が一層高くなった。

少ない人員と予算で、地図への要求に応えるためには、見せかけの維持管理、選択的な修正を行わざるを得ない。ここ最近は、飛行場や高速道路などの大規模構造物は修正しても、一般住宅や植生などは修正してこなかった。

今後は、ネット公開の地図とそのデータベースの維持管理に集中し、売れない紙地図の発行は抑制されるのだという。選択的維持管理・修正も、今まで以上に極端になる。植生界はもちろん、送電線や一部の建物記号も修正対象としない方針だという。

地図の欄外に記入された「測量年」に気を配るだけでなく、国土地理院の紙地図は「鮮度が十分でない」という先入観を持って利用する必要がありそうだ。

これらの雑知識も知って、楽しく、そして注意深く地図を使えば、街歩き、野山歩きに参考になるはずだ。

田畑の始まり

地表を被覆する植物の状態、「植生」が地図の中に表現されているのは、あまり知られていない。

植生は、地図の中では、既耕地と未耕地の大きく二つに分類される。意味するところは、文字どおり、耕地か、それ以外かということだ。だから、既耕地は田や畑、果樹園など。未耕地は針葉樹、広葉樹、竹林、荒れ地などである。

田と畑、畑と森林などの区分範囲は、点線を使用した「植生界」で区分される。しかし、針葉樹と広葉樹の界といった未耕地間は、界が明確であっても表現しない。そして、既耕地の記号は、一定の広がりがあれば整列して表現されるが、未耕地なら整然と植林されていても、ランダムに表現される。そのとき、未耕地の表現にそれほどの正確性はない。

これ以外に、既耕地と未耕地を網羅した上で区分される「特定地区」と呼ばれるものがある。

特定地区とは、墓地や自衛隊演習地、ゴルフ場といった、特に区分すべき地域で周囲を破線で囲み、自由に出入りできない区域の存在を示している。区域内に植生や道路などが存在すれば、それぞれの記号で表現される。

植生については、各記号区分のほか、この程度の知識を持っていれば十分だろう。

等高線というもの

楽しい野山歩きを、さらに前進させるためには、多少は等高線につい

図43 “ぐるぐる”

図42 “ぐるっと”

て知らなくてはならないが、強要するものではない。

通常は、ゲジゲジになった等高線がたくさん描かれていれば急斜面、少なければ緩斜面程度の知識で十分な場合が多い。等高線に興味を持ったり、地形などの地図読みに困ったら、次のステップへ知識を広げればいい。そのきっかけになるものを用意してみた。

野山歩きで、地上と地図上の目標物方向を一致させる方法で、自分のいる位置を知るには、特徴的な山を目標物として使うこともあるだろう。そのとき、等高線が読めなければ、地図上の山と展望した山を一致させる（同定）のは容易ではない。そして、野山歩きの最中に、これから向かう山道を思い描く場面でも、机上で地図を広げて空想を膨らますときでも、等高線から山の形、尾根の形がイメージできなければ、先に進まない。

その地形という立体形を平面に表現する方法として、等高線という重要な武器が用意されている。しかし、これを読める人は少ない。だからといって、「等高線は読めない」といって、努力なしにあきらめたのでは、せっかく用意された高価な道具を捨ててしまうようなもので、モッタイナイ。

その、モッタイナイ等高線は、少なくても「ぐるっと」（図42）なものであって、「ぐるぐる」（図43）ではない。等高線とは、基準面から同じ高さの地点をグルットひとまわりに結んだ線だから、鳴門海峡の渦潮のようにグルグルとはならないのだ。

一〇〇メートルの等高線も、二〇〇メートルの等高線も一つの輪ゴム状態になっているはずだ。

それは、ごく小さな島にかぎる話ではない。日本列島やユーラシア大陸であっても、周囲が海に囲まれた陸地なら同じようなグルット状態にある。切り取られた一枚の地図では、輪ゴム状態が完成していなくても、

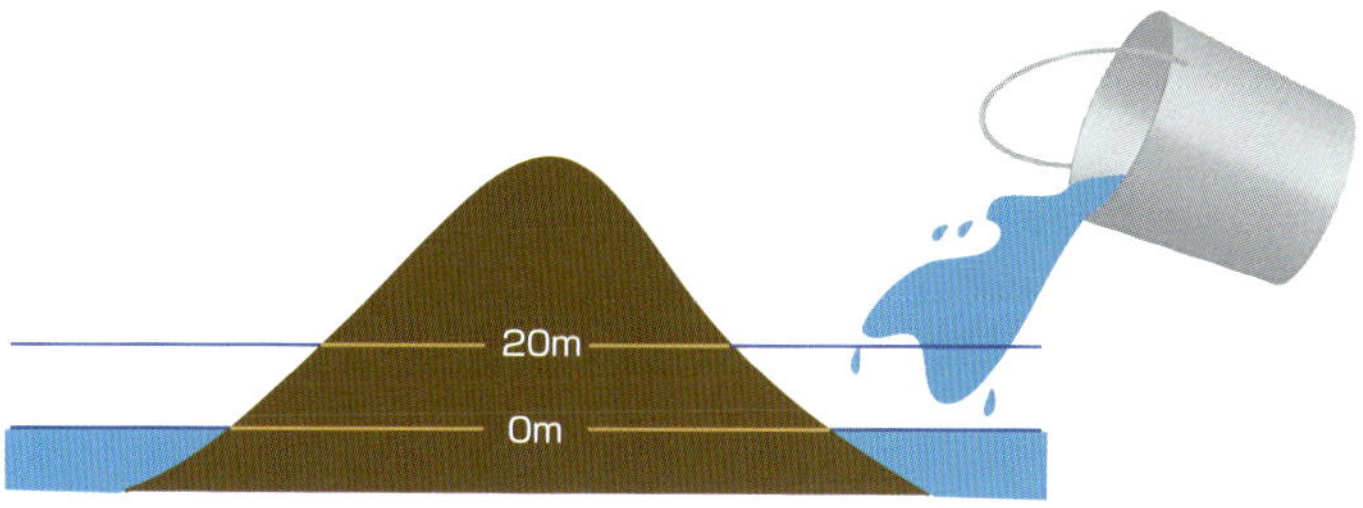

図44　等高線というもの

際限なく地図をつなげてゆけば、大きな輪は必ず完成するのが等高線だ（どのような急斜面であっても、等高線で表現されていればの話）。

日本の二万五千分の一地形図なら、そのとき一番長く続く等高線は、標高十メートルの輪になる。

等高線を身近に実験するなら、洗面器のような容器に、絵画のデッサンに使う石こう製の円錐形を入れて、水深が十センチ、二十センチとなるように水を増やしてみるとよい（図44）。各水際線（等高線）を、それこそスケッチして、あるいは写真なりで記録すると、同心円が出来上がる。これが等高線だ。

等高線を少し読む

等高線が読めれば、最上級の「地図読み人」になれる。そのために、いよいよ等高線を読む。

最初に、等高線が混んでいるところは傾斜がきつく、疎なところは傾斜がゆるいところを図形で実感してみる。

下の図でモデルとした円錐形の等高線（図45）は、間隔が一定な同心円になり、半球形の等高線（図46）は次第に間隔が広がる同心円になるだろう。すなわち、前者は傾斜が一様であり、後者は頂に向かうに従い傾斜が緩やかになることを示している。

現実に円錐形、半球形の島があって、その陸地の周りを海が囲んでいれば、そこには、等高線はしっかりとした輪ゴム状になるのも実感できるだろう。

ところが、実際には地形の年齢によって、年相応の皺があるから、皺をもった輪ゴムになって表現される。これが、現実の等高線であるから、人を観察するように皺のようすを読みとらなくては、年齢も素顔もわからないのだ。

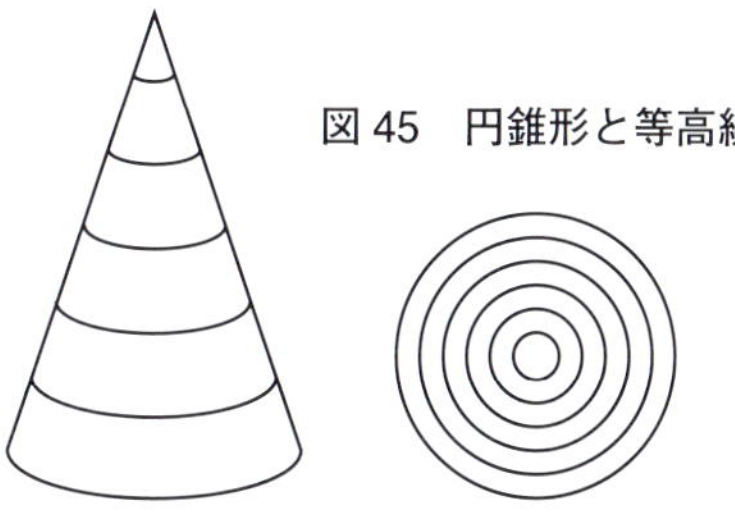

図45　円錐形と等高線

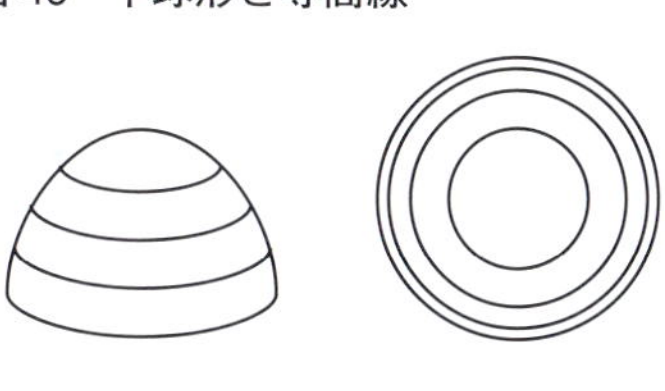

図46　半球形と等高線

図 47　谷と尾根の見分け方

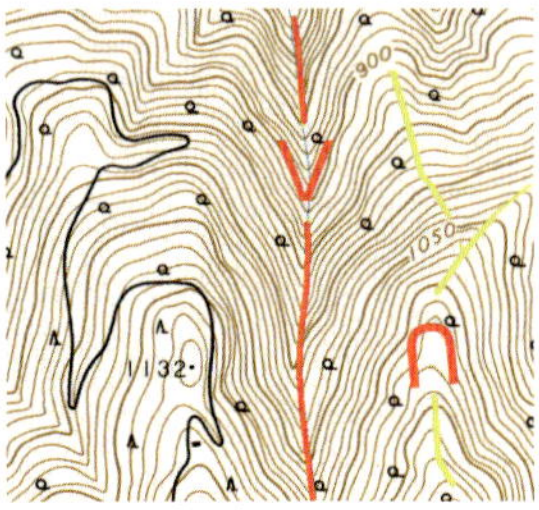

国土地理院発行
1/25000 地形図『不土野』

等高線の実例

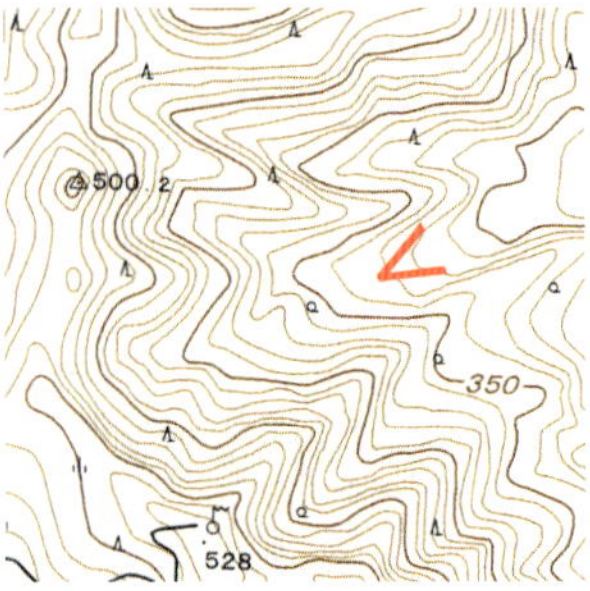

図 50　広い谷
国土地理院発行
1/25000 地形図『甲子山』

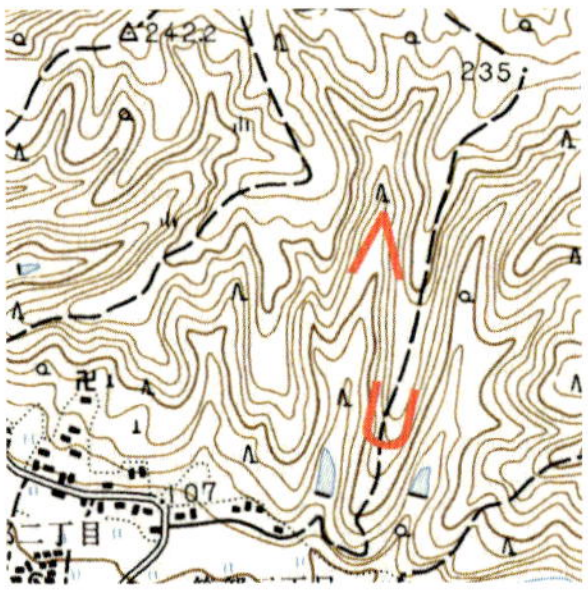

図 49　痩せた尾根と尖がった谷
国土地理院発行
1/25000 地形図『広根』

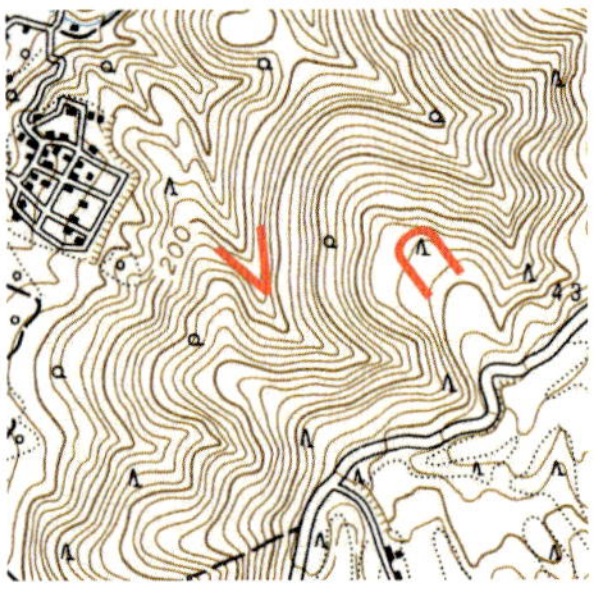

図 48　太った尾根と尖がった谷
国土地理院発行
1/25000 地形図『広根』

V　谷
∩　尾根

半球形の等高線の説明で、急傾斜と緩傾斜はわかったから。次は皺のようす、谷と尾根を見分ける。そして太った尾根や谷と、痩せた尾根と谷も見分ける。

谷と尾根は、あわてずに地図を読めばわかる

地図上を標高の高い方から、低い方へ見たときに、等高線の形がVの形になる方（指でVサインを作って一致する方）が谷、「図47」でいえば、等高線に沿って一〇五〇メートル（「等高線数値」）の数字の方から九〇〇メートルの方を見て、V字の形になるのが谷。逆U字になるのが尾根というわけ。

どちらが高いかは、「等高線数値」のほかにも、地図の随所に書かれた「標高点」、測量や地図作りの基準となる「三角点・水準点」の数値を読み取って判断する。

ここで、谷はV、尾根は逆Uといったのには意味がある。一般に、谷は川の流れが山をけずっているから尖鋭になり、反対に尾根の方は雨水が四方に流れて山を削るから丸みがでる。もちろん、等高線はそのようすを表現している。

しかし、地質・岩石の影響によって、必ずしも原則どおりにならない谷や尾根も存在するから、こうした等高線の形だけで見分けるのは危険である。あくまでもVサインで判断するのがいい。

そして、太った尾根や谷と、痩せた尾根と谷の見分け方だが、「図48～50」のように等高線の曲率で判断する。こうなると経験がものをいう。一口に痩せた尾根といっても様々だから、数多くの等高線を読み、その風景と見比べるしかない。

次は、頂きを読む。

身近なモノとその等高線の例

サンプル２

サンプル１

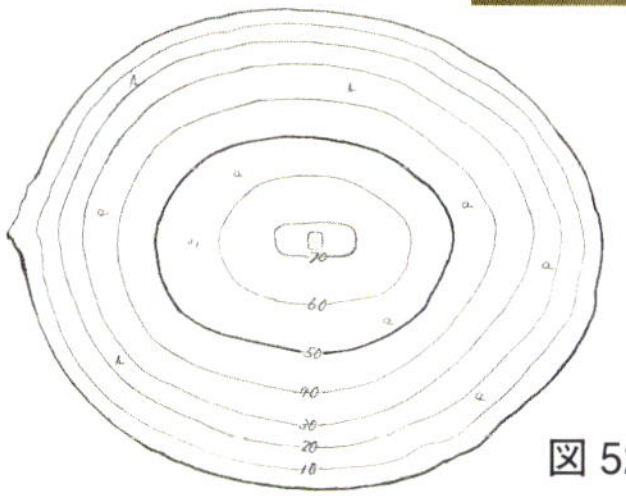

図 52　サンプル２の等高線

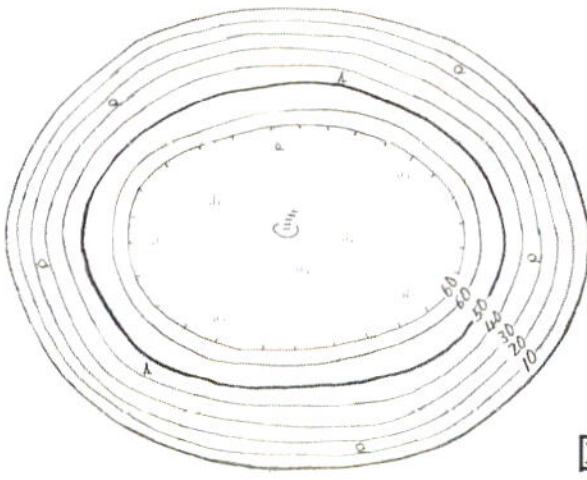

図 51　サンプル１の等高線

頂とは、コブのようになって盛りあがったところ、等高線が小さく輪になったところである。例えば、次頁「図53」の△四八八・七地点やC地点だ。このように、等高線が身近にグルット状態になっていれば、そこには一個以上の山頂（コブ）がある。

「一個以上の」と断った理由は、地図は縮尺化したものだから、現地で見える頂の数が、そのまま地図に表現されるとは限らない。等高線間隔（十メートル）より低い凹凸が連続している場合には、表現されないからだ。

おなじ次頁「図53」の、C点から左（西）に延びる尾根に注目すると、四三〇メートル以上の山頂が無いことが明らかである。しかし、四三〇メートル以下の頂なら、いくつか存在するかもしれないということだ。そうだとすれば、尾根を歩くと小さな上り下りが存在するだろう。同じように、「図49」の尾根部分で、やや白く感じる等高線が疎になったところにも、小さなコブが存在する可能性がある。

地形全体は、これまでに学んだ谷と尾根を骨格として構成されるのだが、人の顔にまったく同じが無いように、地球の顔である地形にも一つとして同じはない。

したがって、等高線を見て地形を想像し、地図の等高線と現地の地形のマッチングをうまくするためには、地図と現地事例の対比を多く経験するに限るが、机上訓練も有効だ。

机上訓練としては、手短にあるパソコンのマウス、花瓶などの等高線を描いてみるのをおすすめする（図51・52）。ただし、少々困るのは、誰からも答えをもらえないことである。それこそ、テキストを参照して再考する。あるいは、識者に訊くか、対象物を洗面器に入れて写真を撮らない限り正解はわからない。

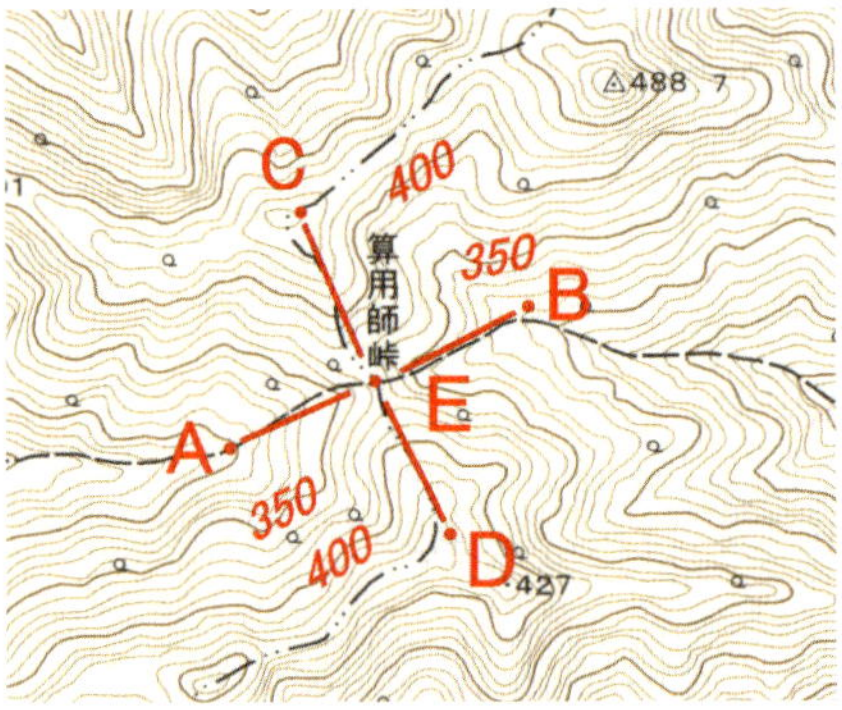

国土地理院発行　1/25000 地形図『龍飛崎』

図 53　峠とは

※ 1/25000 地形図の等高線は、10 メートル間隔になっています

谷と尾根、そして頂きがわかった。それでは、野山歩きでよく言われるところの峠とはどのような場所をいうのだろう。

地図技術者が「鞍部」と呼ぶ、馬の背（鞍を置く位置）のような地形のうち、人や車の交通する場所に限定して、峠と呼んでいる。

「鞍部」とは、図のA—B断面では最も高いところ、これに直交するようなC—D断面では最も低いところになるような地形である。

A地点（標高三〇〇メートル）からB地点方向（三一〇メートル）へ歩き進むと最初は上りになり、E地点（三七〇メートル）を境に、次第に下りになりB地点に達する。一方で、C地点（四四〇メートル）からD地点（四四〇メートル）へ歩き進むと初めは下りになり、E地点を境に、今度は上りになる。このような地形になったE地点を峠と呼ぶ（カッコ内の標高は、地図から読み取った値）。

ただし、「峠」に限定すれば、A—B断面では一定の凸形の傾斜断面を持っているものの、C—D断面では必ずしも凹型断面にならない場合もある。すなわちC—D断面が一定の上り、あるいは下り傾斜になっている場合でも峠と呼んでいる。

豆知識 8

日本に一つしかない等高線？

地球温暖化ではないが、海面が十メートル上昇したとき、二十メートル上昇したときの水際線を結んだ線が等高線である。

日本列島全体を考えてしまうと、イメージがわかないから、この逆を考える。三七〇〇メートルまで海面を上昇させれば、水際線は日本列島にたった一つだけ、富士山頂（標高三七七六メートル）に存在する三七〇〇メートルの等高線だ。そして、最低の所にも、もう一つの日本に一つしか存在しない（？）等高線が出現するはずだ。

日本でもっとも低い地点は？と、地図を眺めると東京都江東区南砂七丁目には、マイナス二・五メートル前後の水準点と三角点がある。秋田県の大潟村には、マイナス四・四メートルの三角点もあるから、ここが日本で一番低い所だろうか。だが、これでは（一〇メートルごとの等高線なら）ゼロメートルの等高線しか発見できない。

さらに下があるはずだ。

青森県の八戸市には、国内有数の露天掘り石灰鉱山である住金鉱業八戸石灰鉱山（八戸キャニオン）があって、掘られた深さは現在海面下一三五メートルに達しているとか。地上から見られる場所としては、ここが日本で一番低い所であって、日本でただ一つ、マイナス一三〇メートルの等高線が存在する地点だ。

第三章

もっと面白いを歩く

地図の旅 ROUTE 5

坂を上り下りして泉を探す

～目白崖地を上下する～

主な行程

①ＪＲ目白駅	START
②おとめ山公園	0.7km
③（おとめ山公園湧水）	
⑤（明治通り）	
⑥のぞき坂上	2.0km
⑦宿坂下	2.5km
⑧（金蔵院・根上院延壽寺）	
⑬（富士見坂・日無坂上）	
⑭小布施坂上	3.5km
⑮（豊坂）	
⑯新江戸川公園湧水	4.2km
⑰（幽霊坂）	
⑱（永青文庫）	
㉑（芭蕉庵の湧水）	
㉒椿山荘の古香井	5.2m
㉓（新江戸川公園の湧水・大洗堰）	
東京メトロ江戸川橋駅	GOAL 6.0km

地図記号、植生、等高線などが読めるようになったところで、テーマを少し複雑にして街歩きをして見る。

東京の新宿区下落合から江戸川橋までの神田川の北には多くの坂道があって、それは神田川が作りだした浸食崖を上下する道である。ごく普通に考えて、坂道があるということは等高線が込み合った斜面である。

そして、そこには泉や湧水の存在が予想される。

関東平野では、基盤となる地層の上に関東ローム層と呼ばれる富士山や箱根火山の火山灰が堆積していて、この粘土層は水分を含んでいる。したがって、ショートケーキの切り口のように粘土層がむき出しになった浸食崖のちょっとした谷間からは、そこから浸み出す湧き水や泉が見られる。

一方で、こうした浸食崖の地形は日本各地どこでも見られ、豪雨による崖崩れなどの災害を受けやすい場所でもある。したがって従来、周辺住民は地域を災害から守るために、崖地の開発を出来るだけ送らせてきたはずである。崖の上下には住宅地が広がっても、その狭間になった傾斜地には鬱蒼とし

デジタル標高データを利用した立体に見える地図
1/25000 デジタル標高地形図『東京都区部』

た常緑広葉樹林が残された。

ところが、東京のような大都会では、こうした地域にも早くから開発の手が入っている。

それでも一万分の一の地図をよく見ると、込みあった等高線の連なりの中に、森林地を示す緑色の塊を随所に発見できる。

神田川の北に広がる崖地の自然は、現在どのようになっているだろうか。湧水はどの程度残っているだろうか。併せて、河川浸食によって作られた崖がどれほどのものか、あくまでも坂道を上下しながら体験してみよう。

最初に、この地域の一万分の一あるいは二万五千分の地図を広げて、十メートル、二十メートルといった主要な等高線をなぞってみる。そうすると、等高線の込み具合から、神田川の北に流れと並行するように崖があることが明らかになる。この地域の南北方向の道は、この等高線をほぼ直角に横切っているから、坂道であることを示し、その比高は十メートル内外であることも分かる。

また、上図のようなデジタル標高データを利用した（陰影断彩）地図ならもっと容易に崖の存在が分かるはずだ。

START 1

目白駅からスタート

そして、崖地に残された森林地と小さな池の存在は、多色刷の地図をみれば容易に明らかになるだろう。

このような情報をもとに、浸食崖にある坂道をたどりながら、泉探し、街歩きを楽しむことにする。

目白駅を西に出て、線路沿いの道を南へ下がって、最初の緑地「おとめ山公園」を目指す。少々複雑だが、公園からの戻りに同じ道をたどらないようにするため住宅地の道を抜けて、東北側から同公園に入る。

そこは都会の中とは思えない緑の中に複数の池がある。道を挟んで西の池の流水をたどると、湧水口の立札にたどり着き、水が浸み出す背後は、ちょっとした崖になっている。この、台地から浸み出した小さな清水を見ただけで、目的を達した気分になる。

公園を南へ出て、うねった道をJR山手線方向から、都電が並行して走る明治通りへと向かう。この間にも、いくらか坂道があるがこれは散策を省略する。そして、建物に隠れてはっきりは見えないが、学習院大学敷地の緑が、

2

都会を忘れさせる緑多い「おとめ山公園」の、東入口付近にも水がわずかに浸み出す小さな泉らしきものがある

3

「おとめ山公園」の西北奥の崖下にも、滔々と浸み出す湧水口がある

4

学習院大学敷地の崖の向こうには、血洗池があるが、ここは通過する

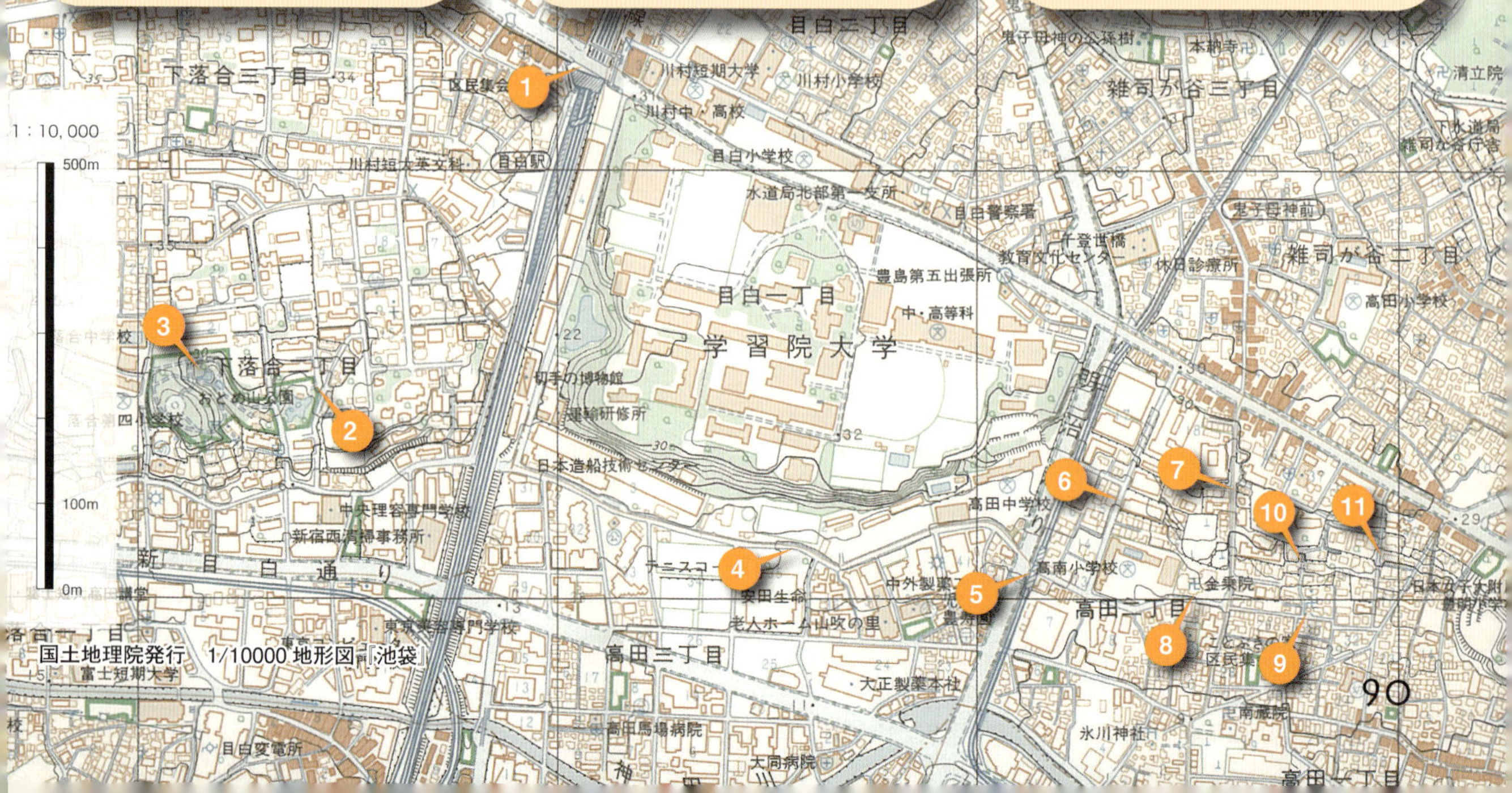

国土地理院発行　1/10000 地形図「池袋」

坂を上り下りして泉を探す

6
のぞき坂は、傾斜は13%ほどあって東京一の急坂だ。さすがと思わせるものがある

5
今では珍しい、都電が並行して走る明治通りの坂道を横に見て進む

6
上写真

7
鎌倉街道の道筋に位置し、近くに関宿の関があったという宿坂は、道の曲がりがそれらしい雰囲気を出している

8
目白不動もあり、江戸名所図会（1836年）にも描かれている金乗院。槍術の丸橋忠弥や青柳文蔵の墓碑もある

9
朱の山門に趣のある根上院延壽寺は、御府内88か所の第35番

10
このあたりの台地上は、高級住宅や学校が多い

11
せっかく上ったのに、また下る。ここは、稲荷坂

崖の存在を表現している。地図によると敷地内にも名称に意味ありげな血洗池がある。明治通りを抜けると、本格的な坂道歩きの開始だ。

のぞき坂（十三度）、宿坂（六度）、稲荷坂（十度）、富士見坂（十度）、日無坂（九度）、小布施坂（八度）、豊坂（八度）、幽霊坂、胸突坂を上下しながら進む。

カッコで付した坂の傾斜は、私が構造物の写真をもとに、後日分度器で測った結果である。のぞき坂は、車道では都内一の急坂だそうで、初めて見る者は驚きの声を上げるだろう。宿坂は、鎌倉時代からの街道である。のぞき坂の直線的な上りに比べて、宿坂のうねった形が歴史を感じさせる。

豊坂は坂の下に豊川稲荷があったから、富士見坂はその名のとおりで、今は坂上から新宿の高層ビルが間近に見えて、その先に富士山の存在も予想できる。

坂道や階段の風景、そして周辺にある生活感あふれる庶民住宅と高台の高級住宅などを実感し、楽しみながら歩く。迷ったとしても、高い方へ進めば目白通り、低い方へ進めば神田川か、神田川に並行した通りへ出るから安心だ。

12 富士山を望むことができることから付けられた富士見坂

13 日無坂（西）と富士見坂（東）との間には、三角形の特徴的な家がある

14 明治期に財を成したという小布施新三郎にちなんで付けられた小布施坂

最終章は、肥後細川家の邸宅跡にある新江戸川公園と永青文庫、胸突坂と水神神社を経て、若かりし松尾芭蕉が神田用水改修工事に係わって住まいしたという関口芭蕉庵、さらに山県有朋ゆかりの椿山荘、江戸川公園へと向かう。

新江戸川公園内の池の西手、庭園内を少し上った先で滔々と流れでる水源を発見できるだろう。しかし、水源の先は目白運動場・旧田中角栄邸の森があるのだが、残念ながらそこに至る前に貯水タンクが見えて、そこからの流れかもしれない。

次に訪れた、傾斜地にある関口芭蕉庵園内には、石鉢に注ぐ本当の湧水が見られ、椿山荘には昔より名水として名高い「古香井《ここうせい》」と呼ばれる湧水もある。江戸川公園の中ほどにも、時折水泡を見せる水源もある。いずれも、清らかで豊富な水量がある。

その後も江戸川公園の崖を左手方向に見て進み、神田川を渡ると「坂を上

坂を上り下りして泉を探す

国土地理院発行 1/10000 地形図「池袋」

18

細川家伝来の歴史資料や美術品等を展示している永青文庫は森の中

17 下写真

16

新江戸川公園の西北奥に流れに勢いの感じられる湧水があるが、これは人工的なものか？

15

坂の下に豊川稲荷神社があることから豊坂と付けられた

17 コンクリート擁壁に圧倒される幽霊坂は、その名のとおり薄暗闇だ

20 神田上水の守護神水神神社には、見事な銀杏の樹がそびえる

22 椿山荘には、古香井（ここうせい）という名の井戸がある

19 胸を突くほどの急坂であることから付けられた胸突坂

21 左頁写真

20 上写真

豆知識 9

山の高さはどこから測る？

しわだらけに描かれる日本地図の等高線の高さの基準は、「東京湾平均海面」という名で整理されている。島の海岸線も等高線も三角点標高も、原則この基準に基づいている。

ところが、私たちはこの水際線を東京湾へいっても見ることはできない。なぜなら、平均海面は長い間の海面の高さを平均した仮想線だからだ。それも、明治六年六月から一二年一二月までの観測値をもとにしたもの。

どうしても、基準を見たいとなると国会議事堂近くにある「日本水準原点」（東京都千代田区永田町一の一、憲政記念館近く）の建物を訪ねて、しかもその厳重そうな正面扉を管理人に開けていただかなくてはならない。

六月三日の「測量の日」には、必ずといっていいほど開かれるその扉の中には、水晶製の目盛板がある。

先ほどの平均海面を零メートルとして、精密な水準測量を行って求められたのが、日本水準原点の零位置の標高で、現在は二四・四一四〇メートルである。ということは、日本水準原点目盛板零目盛の下二四・四一四〇メートルのところに零メートルの基準面があるということだから、等高線の基準となる平均海面は、ここでも見ることはできない。

いずれにしても、この日本水準原点を基準にして、全国の国道筋などにある水準点の高さ、さらには山の高さなどが決定され、建設工事などにも利用されている。

り下りして泉を探す」街歩きは終わりとなる。

こうした街歩きをさらに興味深いものにするなら、それぞれの興味の範囲で、国土地理院が過去に発行した旧版地図や空中写真、江戸切絵図などの古地図類、江戸名所図会などを手にして見るといいだろう。

23

江戸川公園にも水泡の見える湧水がある

24

江戸川公園には神田上水の水位を上げて配水したという大洗堰が移設保存されている

GOAL

坂を上り下りして泉を探す歩きは、神田川の桜並木を見て江戸川橋駅で終わり

21

関口芭蕉庵にも、庵の裏手に石鉢に注ぐ湧水がある

地図を作り、地図を描く楽しみ　～終わりに代えて～

私は子どものころ、家のまわりの地図を描き空想に耽るような少年であった。

大人になってから、石川啄木にも次のような歌があるのを知って、「彼もまた地図を描く人だった」などと感心したものだ。

子を叱り過ぎた
きまり悪きさびしさよ
家のまはりの地図などを引く

さらに、次のような歌もあって。

今のうちに
忘れぬうちに
故郷の村の地図を書いて置かんと思い立ちたる

誰しも人生も終わりに近づくと（彼の場合は、若くして病状が進行したのだけれど）、何らかの形で生きた証を残したいと思うだろう。それが、歌である者、絵である者、文章である者、そして地図を描き残す者があってもいいではないか。そう思ったりする。

啄木がしたような動機でなくても、街を、野山を歩き、各人が見た地図を描きつくることは楽しいだろう。

何も、まったくの白い紙から地図を作ろうというわけではない。家族や気の合った仲間と、家屋の、街並の、看板の面白いのを見つけては既存の地図を利用して表現する。それも、絵がきらいな人は文字で、写真を、資料を地図に添付するだけでもいい。そのことで、住まいする街の

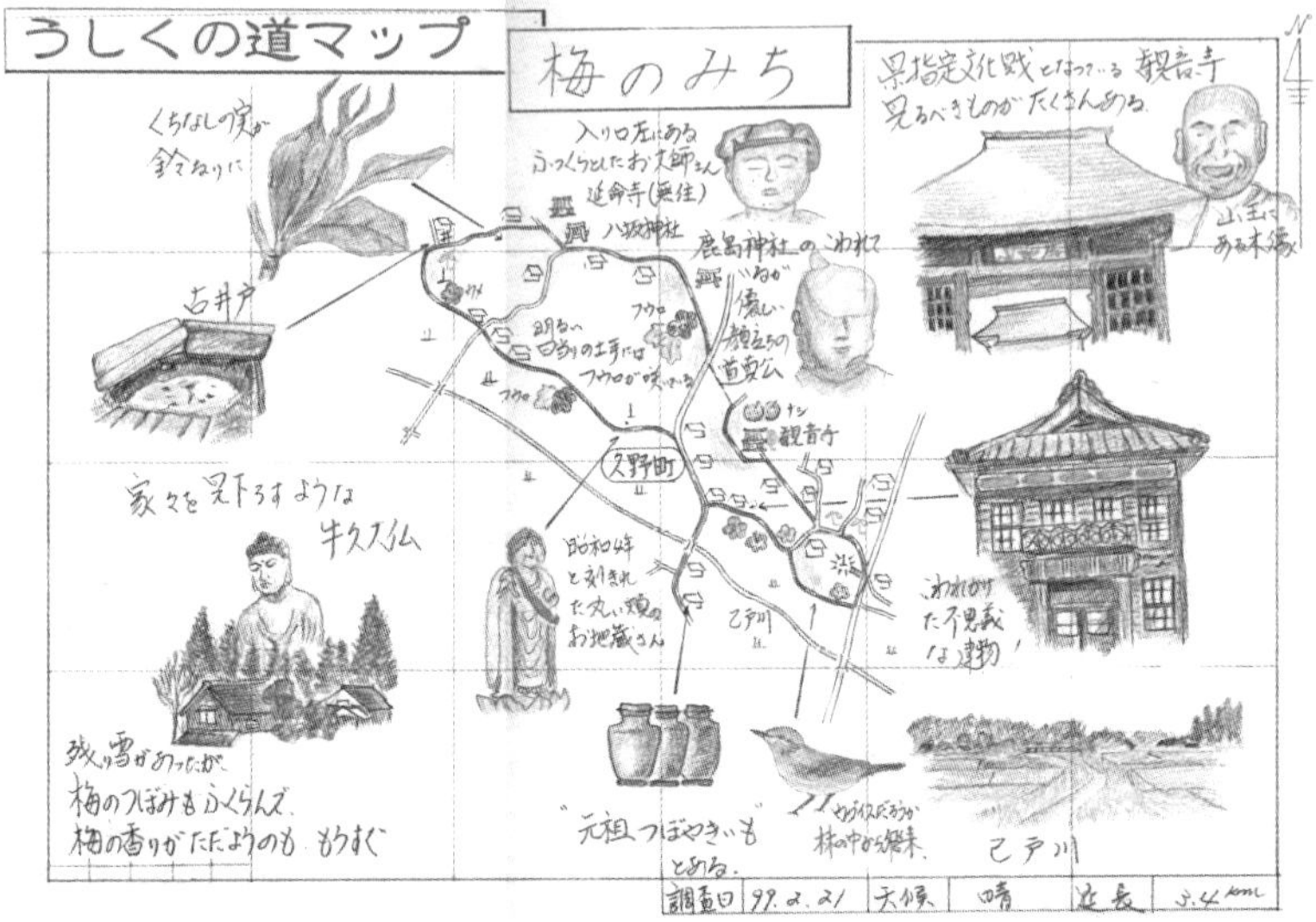

著者自作の道歩きマップ（茨城県牛久市）

良さも、悪さも再発見するだろう。

　調べて地図を作る、地図に表現するという一連の流れから、行動する能力と多様な地図知識が向上する効果が期待できるだろう。調査・観察からは、表現しようとする「面白い」や「植物・動物」、その他の事象を見つめることが、周辺環境の観察につながり、その延長で、住んでいる街が、今どのような環境にあるかが明らかになり、どのような街にしたいかを考える資料もできるはずだ。

　情報と位置とを結びつける作業により、自分が今どこにいるか、それは地図の上でどこにあるかを知るから、ごく自然の行動の中で空間認識の力を磨くだろう。

　データを整理し、地図を作る作業の中では、いい地図、理解しやすい地図とはどのようなものかを知るだろう。それどころか、いい街づくりの提言だってできるかもしれない。

　もちろん、同年代で「わいわい、がやがや」おしゃべりしながら歩き、整理することは、楽しいに違いないし、世代間で交流するのもいい。


　さて、永い間地図作りを仕事にしてきた者が、街歩き、野山歩きの手助けをしたいとして、ここまで書き連ねてきたが、お役に立てただろうか。

　街歩き、野山歩きをする読者には、出かける前にちょっと地図を広げてみる、地図を持って行動してみることが習慣になり、そのことからしだいに地図の楽しさに近づいていただければいい。熟年同士で、子どもたちと。

　そして、お仕着せの山歩きや街歩きばかりではなく、地図を広げてそこいらの野山を歩く人、隣の街を散策する人、そして住まいする街の地図作りをする人が、少しばかりいてもいいではないか。

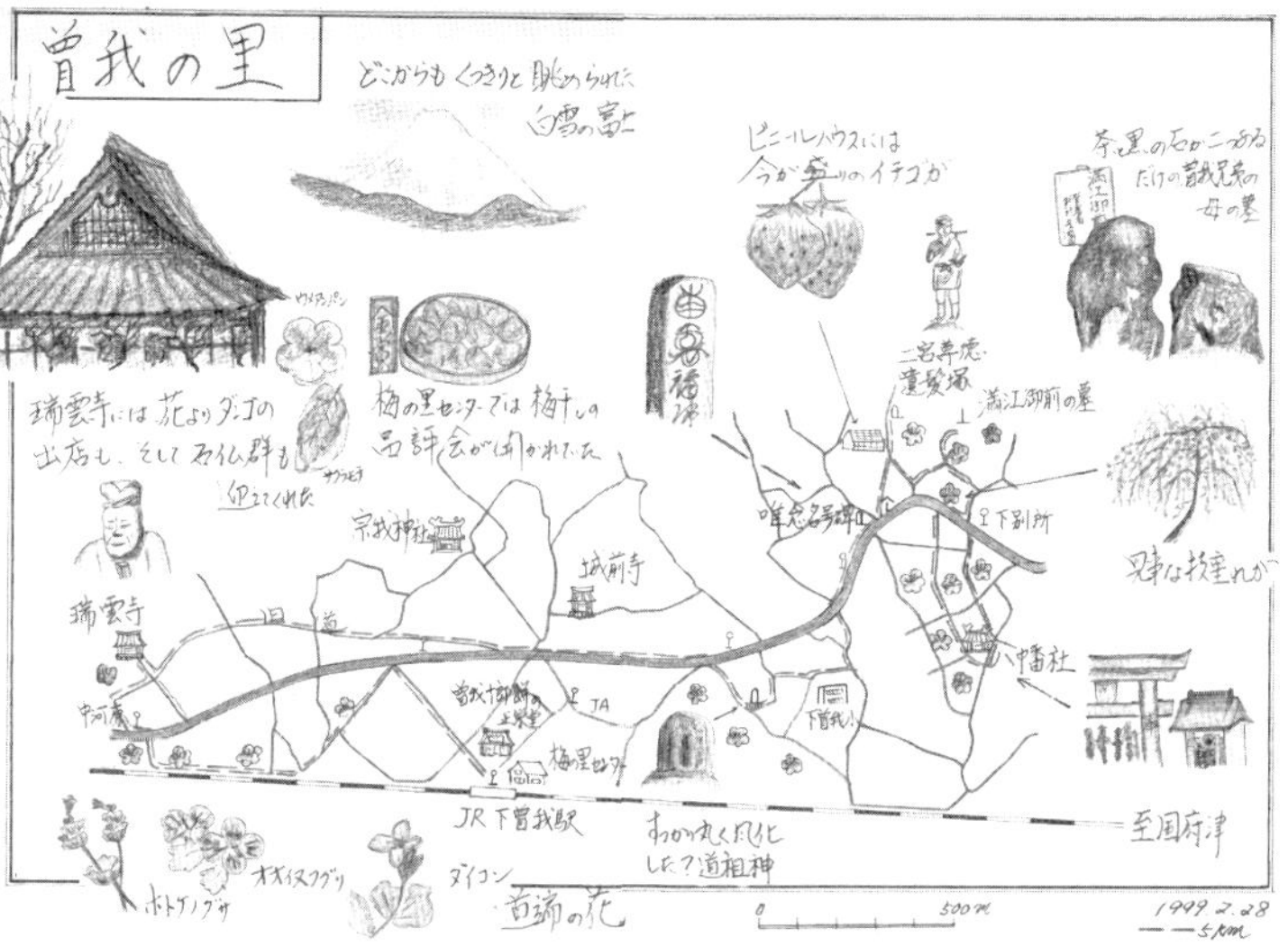

同（神奈川県小田原市曽我）

地図のできるまで

地図のできるまでを簡単に紹介しておこう。

①いくつかの場所の位置を決める（基準点測量）

地図を作るために必要な、位置や高さが正確に測量された基準点（三角点など）を作る測量をする。

地図をつくるために必要な基準点の数は、飛行機から撮影する写真の縮尺や、その後の測量方法などによって異なり、すでに設置されている三角点だけで十分な場合もあるが、新しく測量をして設置することもある。

そのときの測量の方法は、すでにある基準点などをもとに、今ならGPS衛星を利用した測量で行う。

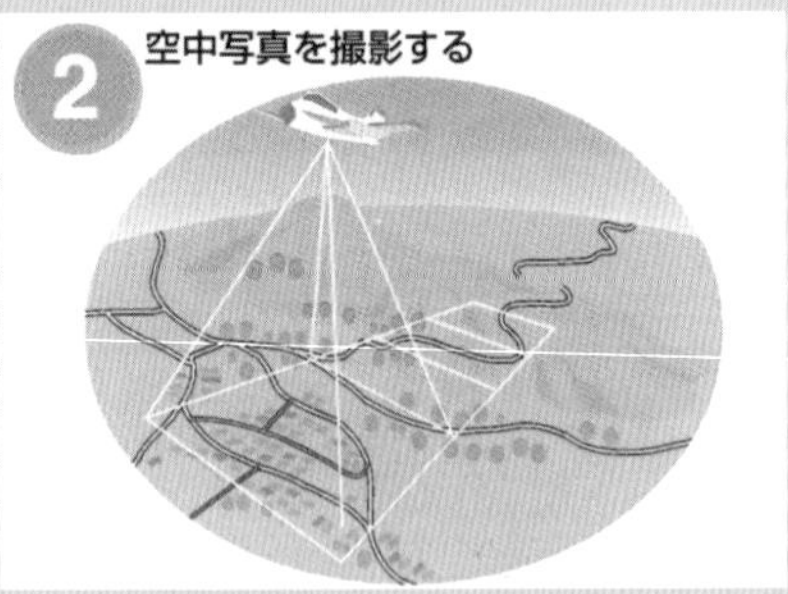

国土地理院「地図と測量の科学館」パンフレットから

②空中写真を撮影する

三角点などの基準点の位置が、空中写真にはっきりと映るように、三角点の近くに白色の標識（対空標識）を設置する。このとき、三角点の真上などに標識を設置できなかった場合には、三角点から標識までの関係位置を測量する。

最近では、撮影する飛行機内にGPS受信機が装備されていて、カメラの位置が地上の基準点と同じ座標で正確に分かる仕組みがある。そのことから、地上の三角点に対空標識を設置することが不要、あるいは設置するとしてもごく少数になっている。

そして、快晴の日、あるいはそれに近い晴天の日を選んで、飛行機が目的の場所を水平に近い形で飛行して空中写真の撮影を実施する。カメラは、従来二四センチ×二四センチ画角の大きなアナログカメラが使用されていたが、現在はデジタルカメラも登場している。

③空中写真から地図を描く

　撮影された空中写真から図化機と呼ばれる器械を使用して地図データを取得（描画）する。地図データの取得は、空中写真に写った三角点の位置と飛行機に搭載されたGPS受信機による測量の結果から得られたカメラの位置をもとにして行われる。

　ここで得られた「図化データ」は、まだユーザになじみの地図データには、なっていない。

④現地調査結果を反映し編集する

　地名や建物名称などの、空中写真からは明らかにならない情報を現地で調査し、得られた情報を図化データに反映し、さらに通常の地図の形式になるようにコンピュータで編集

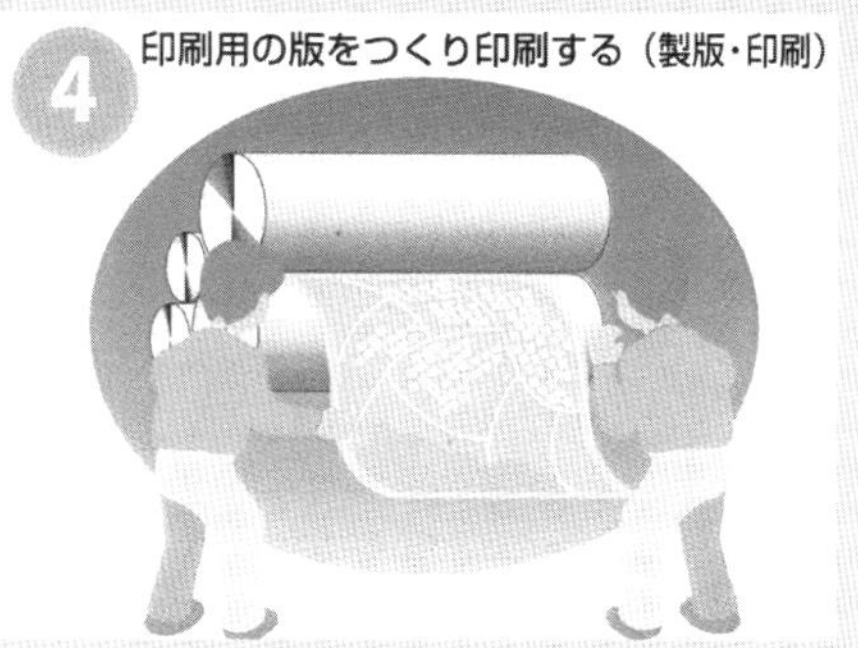

処理して、地図原図データが出来上がる。

⑤印刷用の版《はん》を作り印刷する

　紙地図を作成する場合は、地図原図データベースから印刷製版用データ（原板）を作成し、これから印刷して地図が出来上がる。CDなどの公開用デジタル地図データ、ネット用地図データも、それぞれ地図原図データベースから作成される。

⑥現在民間地図会社は、官の承認を得て、公開されている紙地図などをもとに、デジタルデータ化し、独自に維持管理して民間地図データベースを構築し、これから市販の紙地図やデジタル地図データを作成している。

お役所が作った（官製）地図の入手方法など

陸域の地図は、国土交通省の国土地理院が作成している。

海域の地図（海図）と航空図は、海上保安庁海洋情報部（旧水路部）が作成している。

そして、民間の地図会社は、自らの手で陸域の地形図を作っていない。民間市販地図のほとんどは、国土地理院などの官の地形図を複製利用して作成している。

山歩き、野山歩きに使われる国土地理院が作成した地図は、（財）日本地図センターか地図専門店、大型書店で販売している。

「国土地理院のホームページ」にある「地図閲覧サービス（ウォッちず）」で、地形図が閲覧できるから、ここで実物と地図の名前（「図名」）を調べてから購入・注文するといい。

多少地理知識がある者なら、日本地図センターなどから入手した「地図一覧図」によって必要な地域の「図名」を調べて、購入できるだろう。

以下に、参考になる地図の特徴などを紹介する。

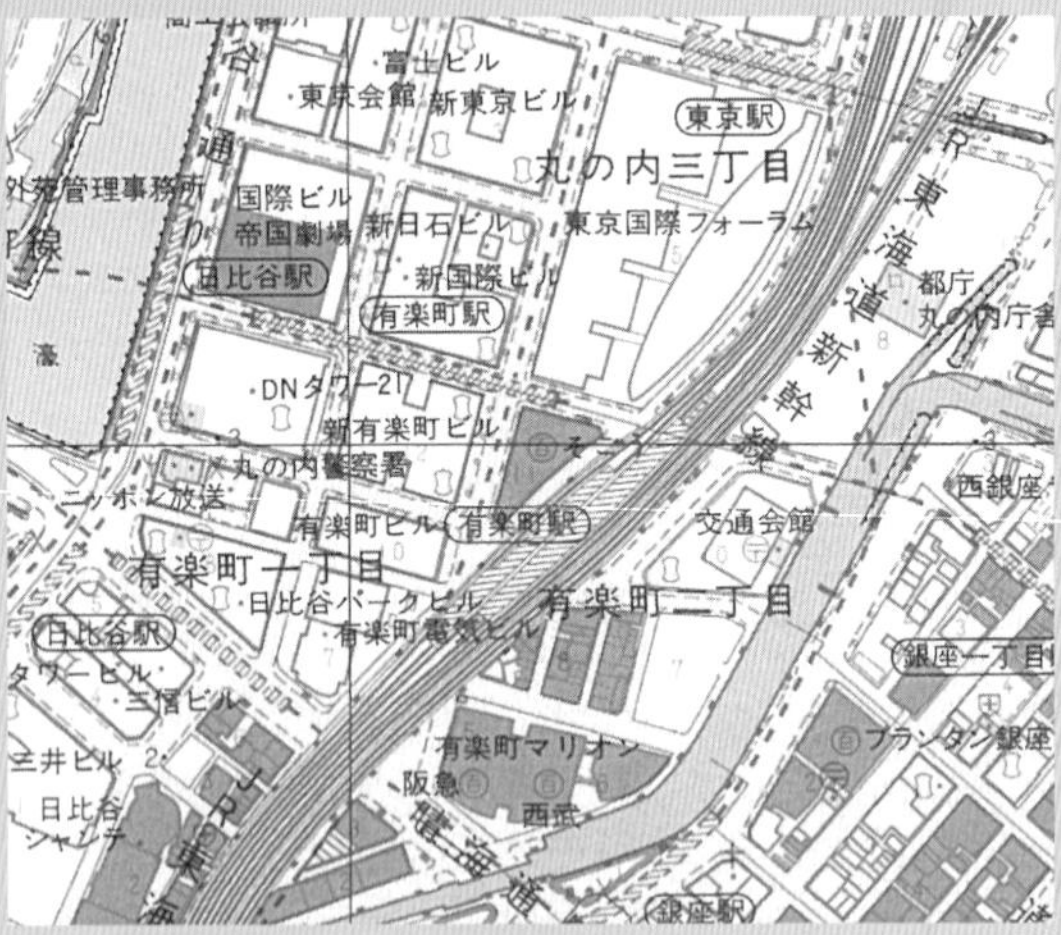

国土地理院発行　1/10000 地形図『日本橋』

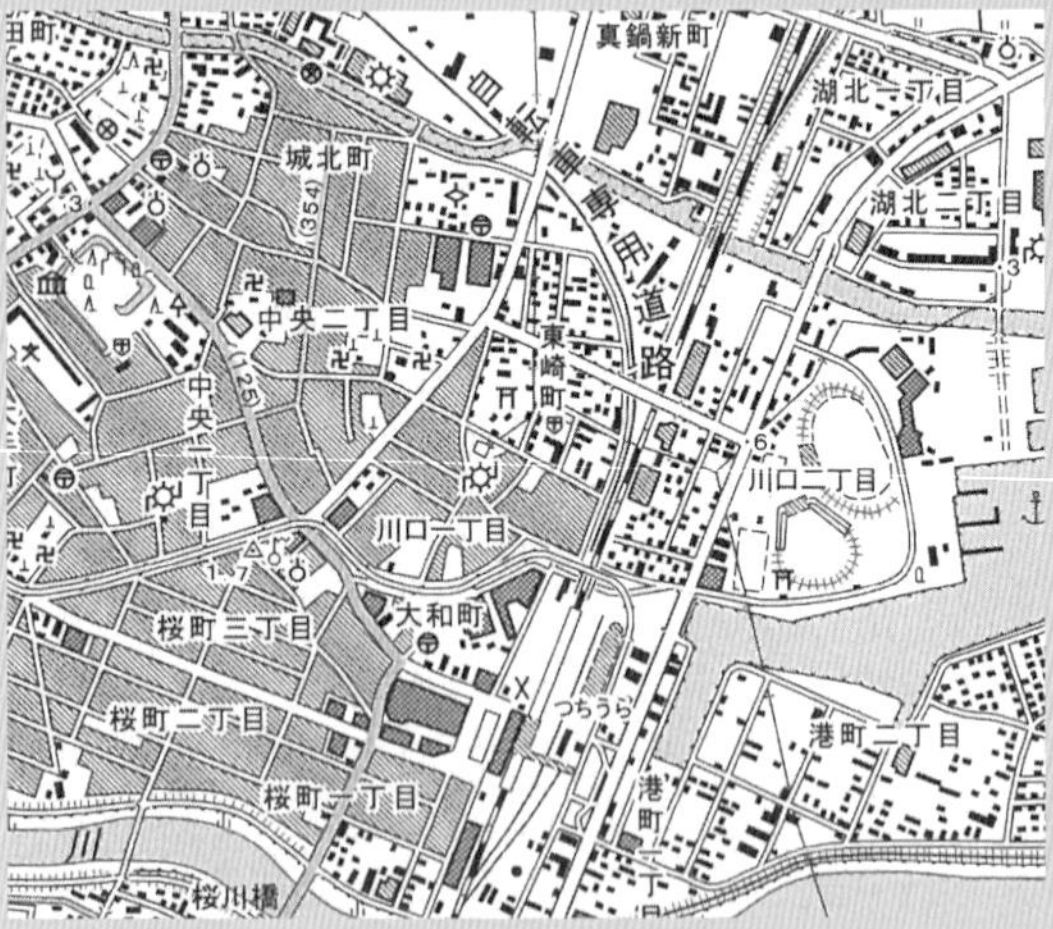

国土地理院発行　1/25000 地形図『土浦』

一万分の一地形図：四五〇円（以下、価格は二〇〇九年九月現在）

すべての道路と家々がくまなく表現され、町丁目も表示されている。日本各地の都市とその周辺が作成整備されている。多色刷りで、都市などの街歩きには最適であるが、ここ一〇年ほど修正されていない。

二万五千分の一地形図：二七〇円

自動車道路のほとんどすべてと、主要な徒歩道が表現されている。小さな個々の家は、集落全体が分かる程度に表現されている。市街地の住宅密集地は、エリア全体が斜線表現されていて（「総描」という）、ビルなども含めて個々の建物は表現されていない。

住所（居住地名）の一部は、省略されている。日本全国くまなく作成整備され、特にネット上の地図は、常時修正されている。多色刷りで、街歩きや、野山歩きに適している。

五万分の一地形図：二九〇円

二万五千分の一地形図を面積で四分の一にした地図（二万五千分の一地形図四枚分を、同じ紙の大きさの地図としたもの）。

自動車道路、主要な徒歩道、住所（居住地名）も、二万五千分の一地形図と同じスタイルで表現されてはいるが、細かな点では省略が多い。日本全国くまなく作成整備され、今のところは修正も行われている。多色刷りで、ここで紹介した街歩きや野山歩きをより広範にするとき、登山などに適している。

二十万分の一地勢図：三二〇円

二万五千分の一地形図を面積で六四分の一にした地図である（二万五千分の一地形図六四枚分を、同じ紙の大きさの地図としたもの）。

主要な自動車道路と都市の概要が表現されている。日本全国くまなく作成整備されている。多色刷りで、ドライブなどでの使用が考えられるが、車の利用に特化した内容になっていないので、利用者には市販の道路マップよりやや内容が粗いと感じるだろう。

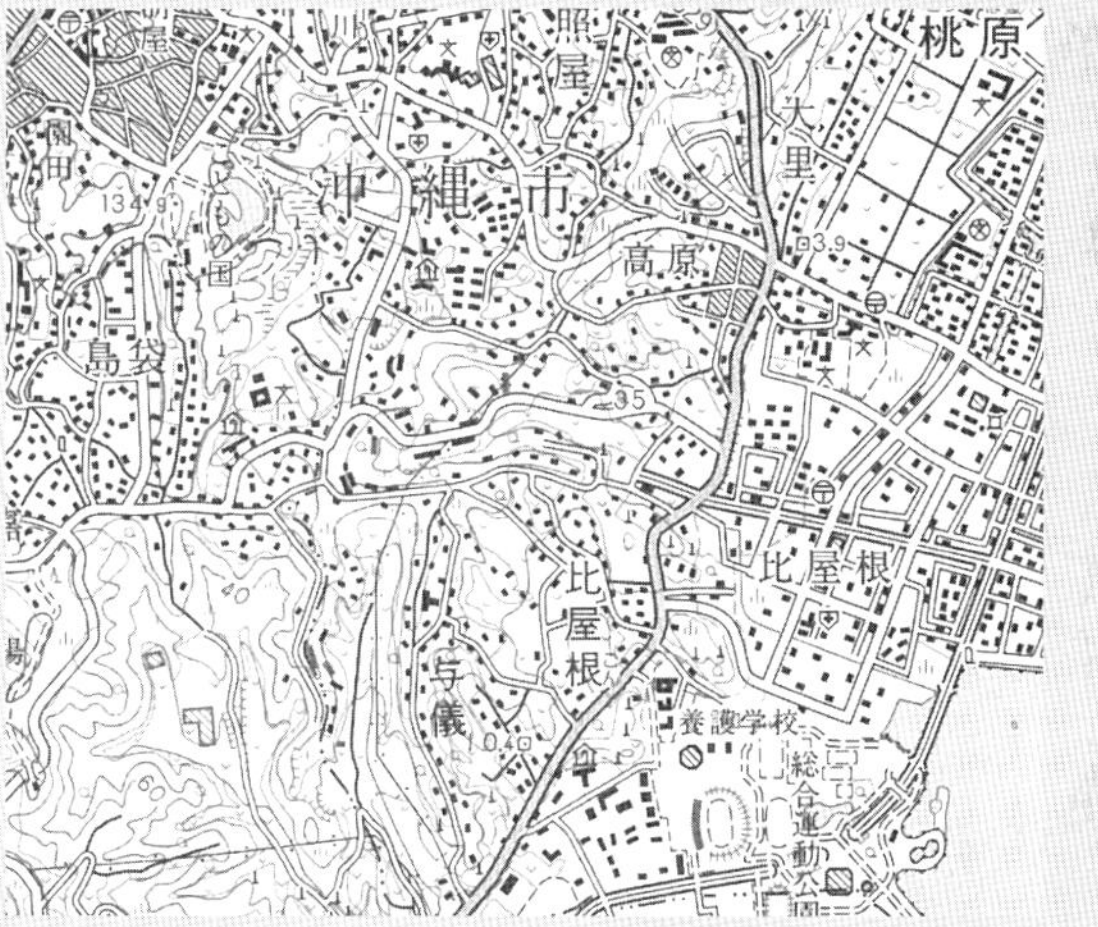

国土地理院発行　1/50000 地形図『沖縄市南部』

国土地理院発行　1/200000 地勢図『東京』

二千五百分の一都市計画（白）図など：価格は、市町村が決めた実費

地域の自治体が作成した縮尺の大きな（白）地図は、市町村の都市計画課などの窓口で販売している。主に、二千五百分の一都市計画（白）図、あるいは二千五百分の一市町村管内図などといった名前で呼ばれている。自治体によっては、縮尺二千五百分の一の地図のほかに、千分の一や五百分の一といったさらに大きな縮尺の地図を作成・販売している場合もある。

いずれの地図も、ほとんどが一色刷りで、詳細な街歩き用の地図として、あるいは地図作りの土台（基図）としての利用に適している。

・民間会社の地図やガイドマップの入手方法

市区町村別（白）地図、街歩きや野山歩きの各種ガイドブック、古地図、江戸期の切絵図、明治時期の地図と現代図などを合冊した散歩ガイド本などがある。民間地図は、書店やネット販売で買い求めることができる。

・旧版地図などの入手方法

国土地理院が過去に出版してきた地図

のことを「旧版地図」と呼び、今とむかしを比べる資料として有効である。ネットでは、同図の閲覧はできないが、発行年などの地図の目録（「図歴データ」）が閲覧できる。

一八九五年から作成を開始し、以後定期的に維持管理している五万分の一地形図（日本全域）

一九一〇年から作成を開始し、以後定期的に維持管理している二万五千分の一地形図（日本全域）

そのほか、一八八六年、一八八七年発行の五千分の一東京図（東京府内）

一八八〇年から一八八六年まで測量し、作成した二万分の一迅速測図（関東平野）

・現在自由に入手できる主な空中写真

今とむかしを比べる有効な資料として、以下のような国土地理院がこれまでに撮影してきた空中写真がある。空中写真は、現在の地形図と同様にネットで閲覧できるから、ここで実物を調べてから注文するといい。

一九四五年以前に旧陸軍が軍事上重要な地域を対象に撮影した空中写真

一九四六年から米軍が撮影した日本全域を対象に撮影した空中写真

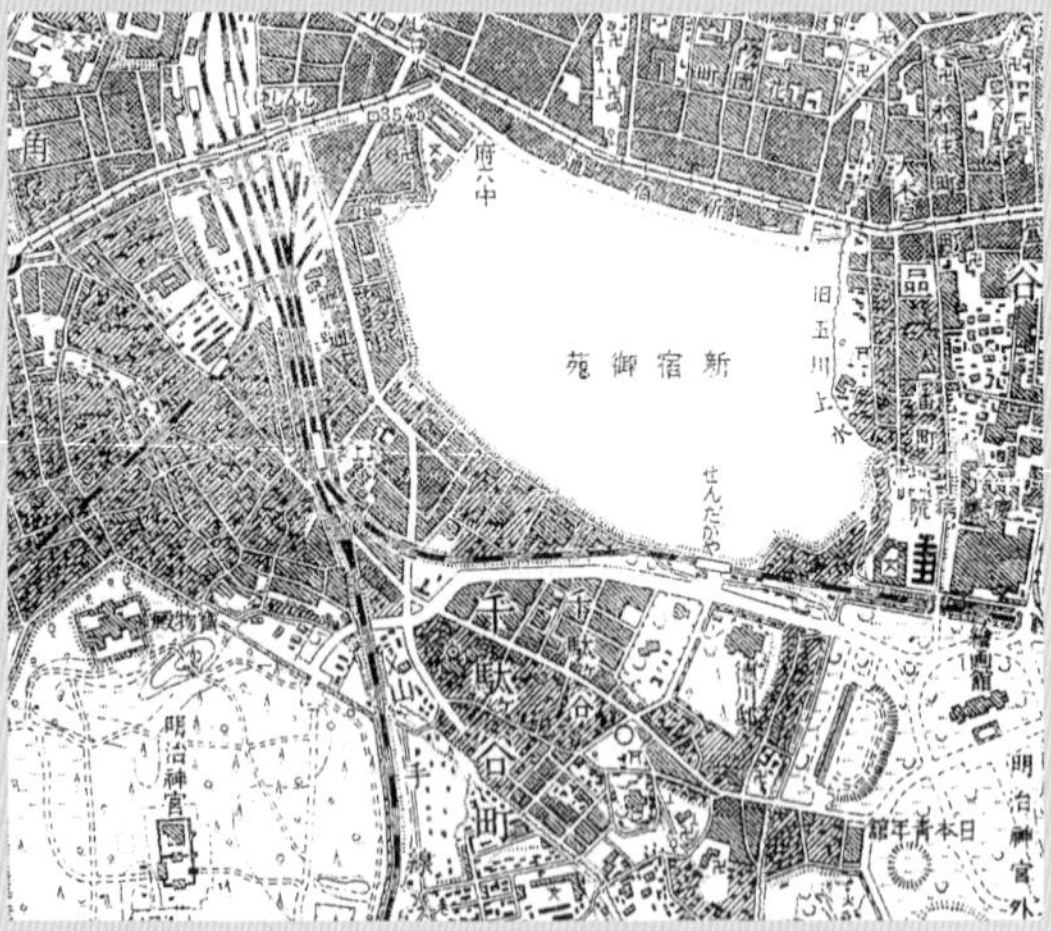

旧版地図

1/2500 都市計画（白）図

一九六一年から国土地理院が、日本全国を繰り返し撮影した白黒空中写真

一九六一年から林野庁が、森林のある山地及び丘陵地を対象に繰り返し撮影した空中写真

一九六四年から当時の国土庁が日本全国を撮影したカラー空中写真

・地形図と空中写真の入手先など

▼主に国土地理院が作成した地形図と空中写真

（財）日本地図センター販売促進部
〒一五三‐八五二二　東京都目黒区青葉台四‐九‐六
〇三‐三四八五‐五四一四

日本地図センターでは、通信販売も行っている。

http://www.jmc.or.jp/

▼国土地理院発行旧版地図のコピーサービス
　国土地理院 地理空間情報部 基盤地図情報課 謄本交付担当（〇二九－八六四－五九五七）
〒三〇五－〇八一一　茨城県つくば市北郷一番
http://www.gsi.go.jp

▼国土地理院 関東地方測量部 謄本交付担当（〇三－五二一三－二〇五五）
〒一〇二－〇〇七四　東京都千代田区九段南一－一－一五 九段第二合同庁舎九階

▼電子申請：国土交通省オンライン申請システムによる旧版地図の入手
http://www.gsi.go.jp/MAP/HISTORY/koufu.html

▼国土地理院「地図閲覧サービス（ウォッちず）」
http://watchizu.gsi.go.jp/
（五万、二万五千分一地形図（「旧版地図」）図歴）
http://www.gsi.go.jp/MAP/HISTORY/5-25-index5-25.html

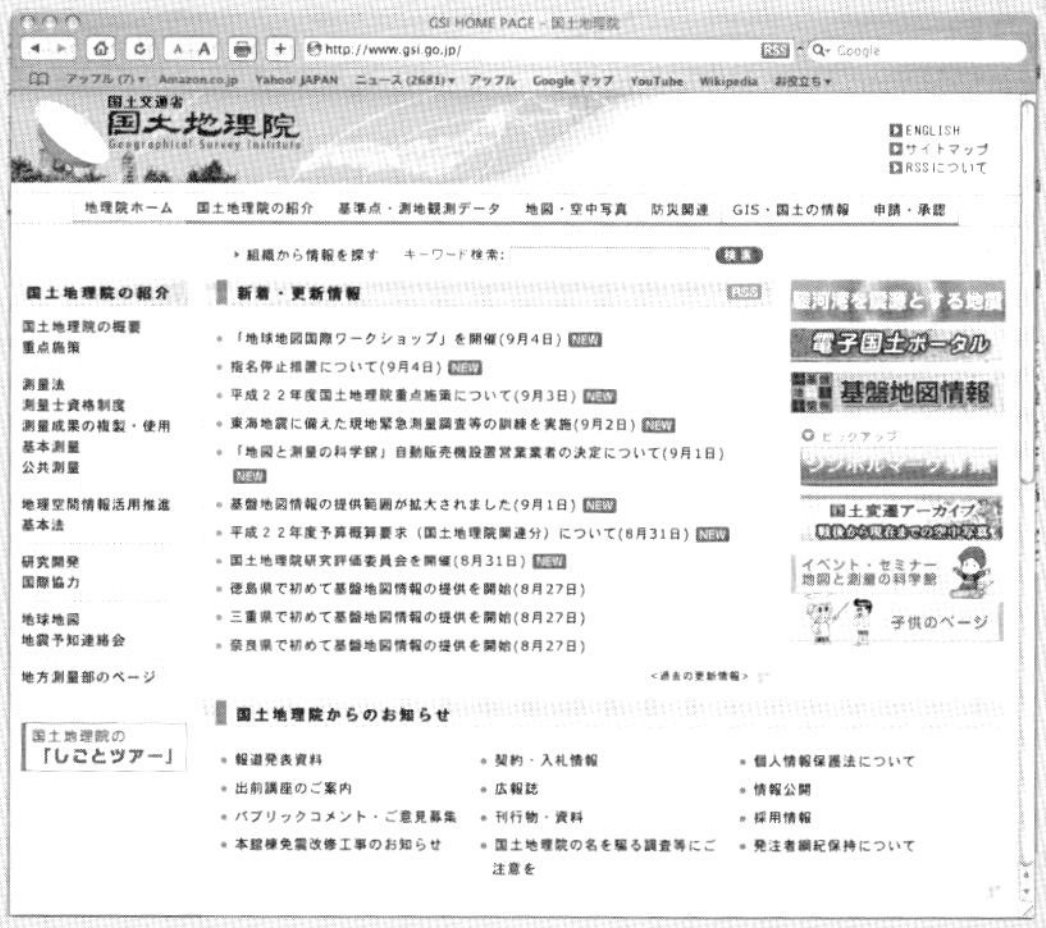

国土地理院のホームページ

▼国土地理院「国土の変遷アーカイブ（空中写真閲覧）」
http://archive.gsi.go.jp/airphoto/

▼林野庁関係空中写真の入手
グリーン航業（株）
〒一〇二－〇〇八五　東京都千代田区六番町7番地
〇三－三二三四－一三七八
http://www.grnk.co.jp/

山岡光治（やまおか　みつはる）

1945年横須賀市生まれ。63年、美唄工業高校卒業。同年、国土地理院に技官として入所。札幌、つくば、富山、名古屋などの勤務を経て、2001年、同院退職。同年、地図会社の株式会社ゼンリンに勤務。05年、これまでの経験を生かして、楽しく、易しく地図と測量を紹介する「オフィス　地図豆」を開業。執筆や講演や市民講座を通して、地図測量への理解を深める活動をしている。著書に『地図に訊け！』（筑摩書房）、『地図を楽しもう』（岩波書店）ほか。
ホームページ「おもしろ地図と測量」
http://www5a.biglobe.ne.jp/~kaempfer/

街歩《まちある》き、野山歩《のやまある》きがもっと楽《たの》しくなる
地図読《ちずよ》み人《びと》になろう

●定価はカバーに表示してあります

2009年10月10日　初版発行
2009年11月30日　2刷発行

著　者　山岡《やまおか》　光治《みつはる》
発行者　川内　長成
発行所　株式会社日貿出版社
東京都千代田区猿楽町1-2-2　日貿ビル内　〒101-0064
電話　営業・総務（03）3295-8411／編集（03）3295-8414
FAX（03）3295-8416
振替　00180-3-18495

印刷　三美印刷株式会社
撮影　株式会社アット　松岡伸一

ISBN978-4-8170-8154-4　http://www.nichibou.co.jp/